丝路毡乡——蒙古族传统擀毡技艺

乌木花 著

天工巧匠

"十三五"国家重点图书出版规划项目

中华传统工艺集成

冯立昇 董杰 主编

山东教育出版社
·济南·

**图书在版编目（CIP）数据**

丝路毡乡：蒙古族传统擀毡技艺 / 乌木花著 . — 济南：
山东教育出版社，2024.9
（天工巧匠：中华传统工艺集成 / 冯立昇，董杰主编）
ISBN 978-7-5701-2862-4

Ⅰ.①丝… Ⅱ.①乌… Ⅲ.①蒙古族-毡-民间工艺-介绍-
中国 Ⅳ.①TS935.7

中国国家版本馆CIP数据核字（2024）第011141号

TIANGONG QIAOJIANG——ZHONGHUA CHUANTONG GONGYI JICHENG

**天工巧匠——中华传统工艺集成**　　　　　　　　　冯立昇　董杰　主编

SILU ZHANXIANG: MENGGUZU CHUANTONG GANZHAN JIYI

**丝路毡乡：蒙古族传统擀毡技艺**　　乌木花　著

主管单位：山东出版传媒股份有限公司
出版发行：山东教育出版社
地　　址：济南市市中区二环南路 2066 号 4 区 1 号　　邮编：250003
电　　话：0531-82092660　　网址：www.sjs.com.cn
印　　刷：山东黄氏印务有限公司
版　　次：2024 年 9 月第 1 版
印　　次：2024 年 9 月第 1 次印刷
开　　本：710 毫米×1000 毫米　　1/16
印　　张：9.5
字　　数：147 千
定　　价：58.00 元

如有印装质量问题，请与印刷厂联系调换。电话：0531-55575077

作者简介

　　**乌木花**，蒙古族，硕士，内蒙古师范大学民族学人类学学院讲师，主要从事民俗学、文化人类学教学研究工作。参与《蒙古学百科全书·文学卷》（蒙古文）、《蒙古学百科全书·经济卷》（蒙古文）、《蒙古学百科全书·民俗卷》（蒙古文）、《文化内蒙古》（汉文）、《内蒙古民俗》（汉文）、《蒙古族民俗文化·服饰文化》（蒙古文）等多部科普专著的编撰工作。

中华文明是世界上历史悠久且未曾中断的文明，这是中华民族能够屹立于世界民族之林且能够坚定文化自信的前提。中国是传统技艺大国，源远流长的传统工艺有着丰富的科技和人文内涵。古代的人工制品和物质文化遗产大多出自能工巧匠之手，是传统工艺的产物。中国工匠文化的传承发展，形成了独特的工匠精神，在中国历史长河中延绵不绝。可以说，中华传统工艺在赓续中华文脉和维护民族精神特质方面发挥了重要的作用。

传统工艺主要指手工业生产实践中蕴含的技术、工艺或技能，各种传统工艺与社会生产、人们的日常生活密切相关，并由群体或个体世代传承和发展。传统工艺的历史文化价值是不言而喻的。即使在当今社会和日常生活中，传统工艺仍被广泛应用，为民众所喜闻乐见，具有重要的现代价值，对维系中国的文化命脉和保存民族特质产生了不可替代的作用。

近几十年来，随着工业化和城镇化进程的不断加快，特别是受到经济全球化的影响，传统工艺及其文化受到了极大的冲击，其传承发展面临着严峻的挑战。而传统工艺一旦失传，往往会造成难以挽回的文化损失。因此，保护传承和振兴发展中华传统工艺是我们义不容辞的责任。

传统工艺是非物质文化遗产的重要组成部分。2003年10月，联合国教科文组织通过《保护非物质文化遗产公约》，其中界定的"非物质文化遗产"中包括传统手工技艺。2004年，中国加入《保护非物质文化遗产公约》，传统工艺也成为我国非遗保护工作的一大要项。此后十多年，我国在政策方面，对传统工艺以抢救、保护为主。不让这些珍贵的文化遗产在工业化浪潮和城乡变迁中湮没失传非常重要。但从文化自觉和文明传承的高度看，仅仅开展保护工作是不够的，还应当重视传统工艺的振兴与发展。只有通过在实践中创新发展，传统工艺的延续、弘扬才能真正实现。

2015年，党的十八届五中全会决议提出"构建中华优秀传统文化传承体系，加强文化遗产保护，振兴传统工艺"的决策。2017年2月，中共中央办公厅、国务院办公厅印发了《关于实施中华优秀传统文化传承发展工程的意见》，明确提出了七大任务，其中的第三项是"保护传承文化遗产"，包括"实施传统工艺振兴计划"。2017年3月，国务院办公厅转发了文化部、工业和信息化部、财政部《中国传统工艺振兴计划》。这些重大决策和部署，彰显了国家层面对传统工艺振兴的重视。

《中国传统工艺振兴计划》的出台为传统工艺的发展带来了新的契机，近年来各级政府部门对传统工艺的保护和振兴更加重视，加大了支持力度，社会各界对传统工艺的关注明显上升。在此背景下，由内蒙古师范大学科学技术史研究院和中国科学技术史学会传统工艺研究会共同策划和组织了《天工巧匠——中华传统工艺集成》丛书的编撰工作，并得到了山东教育出版社和社会各界的大力支持，该丛书也先后被列为"十三五"国家重点图书出版规划项目和国家出版基金资助项目。

传统手工技艺具有鲜明的地域性，自然环境、人文环境、技术环境和习俗传统的不同，以及各民族长期以来交往交流交融，对传统工艺的形成和发展影响极大。不同地域和民族的传统工艺，其内容的丰富性和多样性，往往超出我们的想象。如何传承和发展富有地域特色的珍贵传统工艺，是振兴传统工艺的重要课题。长期以来，学界从行业、学科领域等多个角度开展传统工艺研究，取得了丰硕的成果，但目前对地域性和专题性的调查研究还相对薄弱，亟待加强。《天工巧匠——中华传统工艺集成》丛书旨在促进地域性和专题性的传统工艺调查研究的开展，进一步阐释其文化多样性和科技与文化的价值内涵。

《天工巧匠——中华传统工艺集成》首批出版13册，精选鄂温克族桦树皮制作技艺、赫哲族鱼皮制作技艺、回族雕刻技艺、蒙古族奶食制作技艺、内蒙古传统壁画制作技艺、蒙古族弓箭制作技艺、蒙古族马鞍制作技艺、蒙古族传统擀毡技艺、蒙古包营造技艺、北方传统油脂制作技艺、乌拉特银器制作技艺、勒勒车制作技艺、马头琴制作技艺等13项各民族代表性传统工艺，涉及我国民众的衣、食、住、行、用等各个领域，以图文并茂的方式展现每种工艺的历史脉络、文化内涵、工艺流程、特征价值等，深入探讨各项工艺的保护、传承与振兴路径及其在文旅融合、产业扶贫等方面的重要意义。需要说明的是，在一些书名中，我们将传统技艺与相应的少数民族名称相结合，并不意味着该项技艺是这个少数民族所独创或独有。我们知道，数千年来，中华大地上的各个民族都在交往交流交融中共同创造和运用着各种生产方式、生产工具和生产技术，形成了水乳交融的生活习俗，即便是具有鲜明民族特色的文化风情，也处处蕴含着中华民族共创共享的文化基因。因此，任何一门传统工艺都绝非某个民族所独创或独有，而是各民族的先辈们集体智慧的结晶。之所以有些传统工艺前要加上某个民族的名称，是想告诉人们，在该项技艺创造和传承的漫长历程中，该民族发挥了突出的作用，作出了重要的贡献。在每本著作的行文中，我们也能看到，作者都是在中华民族的大视域下来探讨某项传统工艺，而这些传统工艺也成为当地铸牢中华民族共同体意识的文化基石。

本套丛书重点关注了三个方面的内容：一是守护好各民族共有的精神家园，梳理代表性传统工艺的传承现状、基本特征和振兴方略，彰显民族文化自信。二是客观论述各民族在工艺文化方面的交往交流交融的事实，展现各民族在传统工艺传承、创新和发展方面的贡献。三是阐述传统工艺的现实意义和当代价值，探索传统工艺的数字化保护方法，对新时代民族传统工艺传承和振兴提出建设性意见。

中华文化博大精深，具有历史价值、文化价值、艺术价值、科技价值和现代价值的中华传统工艺项目也数不胜数。因此，我们所编撰的这套丛书并不仅限于首批出版的13册，后续还将在全国遴选保护完好、传承有序和振兴发展成效显著的传统工艺项目，并聘请行业内的资深学者撰写高质量著作，不断充实和完善《天工巧匠——中华传统工艺集成》，使其成为一套文化自信、底蕴厚重的珍品丛书，为促进传统工艺振兴发展和推进传统工艺学术研究尽绵薄之力。

冯立昇

2024年8月25日

# 目录

绪论

　　擀毡技艺是我国传统手工技艺的重要组成部分，承载着丰富的民族文化和历史价值。包括蒙古族在内的诸多游牧民族在久远的历史长河中，创造并传承了适合游牧生活的诸多手工技艺。擀毡技艺是诸多传统手工技艺中能够体现蒙古族游牧文明的民间传统技艺之一，也是蒙古族文化、艺术和经济的重要体现。包括蒙古族在内的诸多游牧民族在生产生活中渐渐形成了与擀毡技艺相关的"毡文化"。于是"毡乡""穹庐""毡包""毡帐""毡房"等一系列与毛毡相关的具有一定地域、民族文化内涵与特色的独特词汇也逐渐成为游牧民族语言文化的重要组成部分，世代相传沿用。

　　因蒙古族特有的手工技艺及文化寓意，对"毡文化""擀毡技艺""毛毡制品"等方面的研究也形成了一定的规模。基于史书、岩画、游记等相关资料记载的信息以及在考古出土遗存基础上的毡文化研究，在当代社会科学与人文科学研究领域中逐渐成为独树一帜的与民间技艺文化相关的科学研究。

## 一、研究综述

　　擀毡技艺是蒙古族先民智慧的结晶，是蒙古族毡文化的重要组成部分。

关于蒙古族毡文化的研究始于近代。虽然在早期历史文献或早期游记中，已出现了包括蒙古族在内的北方游牧民族先民擀毡并使用毛毡或毡制品的相关记载，但就其较系统的研究或形成具有一定科学性的研究，却到晚近时期才形成规模。然而，关于擀毡技艺的诸多相关研究很多局限于其他民俗文化事项的辅助性研究。如蒙古包围毡的研究；毡制手提包、杯垫、车坐垫等毡制生活用品；毡帽、毡靴、毡袜等民族服饰的研究；毡制摆设、玩偶、烫毡画等毡制艺术品的研究。这些研究都涉及擀毡技艺。文学作品中关于毡子的祝赞词、擀毡制毡过程中的祝赞词研究也有十分重要的意义。但是，针对毡文化的整体的、全面系统的研究成果却不是很多。

纵观与毡文化相关的研究成果，关于毡文化的著作论文相对较少。历史文献资料及历朝历代文人学者的作品中出现了许多与游牧民族毡文化相关的记载和描绘。诸如不同时期文人墨客的诗歌辞赋，以及游历我国北方游牧部落的使臣、游客的游记中对北方游牧民族的传统生产生活及文化习俗的描绘颇多。早期的文献资料对包括蒙古族在内的北方游牧民族传统毡文化的记载大多进行现象描述。到了近代，随着我国社会科学研究的进一步发展，民间文化事项得到了学术界更多的关注，逐渐使民间传统文化走进了科学研究行列。

毡文化的研究更多倾向于制作技艺、工序、纹样、用途方面的阐释性研究及毡制品艺术性的分析研究。如：沙力·沙都瓦哈斯、张孝华的《花毡》（《民族研究》1985年第4期）；楼望皓、巴合提别克·居马德力的《哈萨克族花毡》（《新疆画报》2009年第5期）；夏克尔·赛塔尔的《维吾尔族民间制毡工艺研究》（新疆大学2011年硕士论文）；再努拉·再伊丁的《伊犁地区花毡图案》（上海师范大学2013年硕士论文）；郝水菊的《内蒙古地区毛毡制品的传统技艺及其现代设计》（江南大学2013年硕士论文）；尹律航的《哈萨克族花毡的平面图形式在现代包装中的体现》（《明日风尚》2016年第13期）；李夏的《内蒙古传统毛毡在现代纺织产品中的现状与发展》（《设计》2016年第23期）；美特的《吉尔吉斯斯坦毛毡制作技艺的传承创新与应用》（兰州交通大学2016年硕士论文）；余舒的《贵州威宁蔡家人擀毡手工技艺》（《人口、社会、法治研究》2016年第Z1期）；张红娟的《新疆花毡对现代毡艺的启示》（《艺术工作》2017年第1期）；聂楠、杨涵、刘天亮等的《新疆非物质文化遗产花毡工艺的传播问题与对策研究》（《中国民族博览》2017年第3期）；唐丽霞的《新疆哈萨克族花毡文化管窥》（《伊犁师范学院学报》2017年第4期）；董馥伊的《少数民族传统花毡艺术与数字化技术契合教育探索》（《贵州民族研究》2017年第10期）；木开代司·木哈塔尔的《喀什民间工艺品的保护与开发——以花毡为例》（新疆大学2017年硕士论文）；等等。这些文章从不同层面对不同地域、不同民族的毡技艺、毡制品及其文化保护工作进行了探讨。

## 二、研究意义

毡子及毡制品是为了适应游牧民族生产生活应运而生的用品。擀毡技艺是游牧民族在历史发展的长河中留下的文化印记，体现了蒙古族先民的智慧与审美情趣，具有重要的历史文化价值。对蒙古族擀毡技艺的研究有极其重要的现实意义。

### （一）擀毡技艺保护与传承的意义

通过对远古时期形成的岩画、历朝历代的文献资料记载及先辈学者的研究成果进行梳理，可以深入了解蒙古族先民所创造并代代相传的擀毡技艺这一传统民间技艺的历史、发展状况及所蕴含的文化价值，有助于传统手工技艺的传承和发展。

随着经济社会的快速发展，在"现代"与"传统"直面相撞的当下，传统的擀毡技艺、毛毡品制作技艺等古老而传统的民间技艺在许多游牧地区面临消失的风险或已经消失。今天，传统的擀毡技艺已经在民众生活中逐渐失去了其游牧意义上的重要用途，取而代之的是适应现代生活而产生的工厂加工模式的制毡技术，并被用于现代生活所需品的加工制作中。在现代工艺技能日趋发达的当下，研究这项技艺可以激发人们对传统文化的热爱，增强民族自豪感，促进文化多样性的保护和传承。

## （二）传统擀毡技艺的发展与变迁

社会的发展推动着人类文明发展的进程。文明作为一种社会进步的标志，使人类脱离原始、落后的社会状态，是人类社会发展的重要标志。文明展现人类的智慧，并以物质的或精神的方式被人类社会所认知和认可。

人类物质文明主要是以科技的发明、创造为其主要特征。人类社会的每一个发展时期所创造沿用的诸多工艺技能，我们都可以视作是人类文明的体现，是人类智慧的结晶，也是人类社会进步的标志。

擀毡技艺是包括蒙古族在内的诸多游牧民族的先民发明创造的并代代相传的、适应游牧生活方式的重要发明。毡子及毡制品被称为适合游牧民族生产生活方式的"文明之发明创造"的最有力佐证。在加工制作方面对自然没有破坏性的擀毡技艺，可以说是诸多游牧民族适应自然环境、与自然和谐相处的生态观的体现。

本书通过对史料、考古资料以及实地考察资料的梳理，着重介绍蒙古族先民创造并代代相传、与游牧生产生活息息相关的擀毡技艺及毛毡品制作工艺发展与变迁的过程，展现出相关技艺的文化价值。

## （三）传统手工技艺的抢救与保护

传统手工技艺是广大民众智慧的结晶，也是人类璀璨文化的重要体现形式。近年来，各国政府及相关部门对各民族、各族群及社会群体共同享有的民间传统文化的抢救与保护工作持以高度重视态度的同时并采取了积极的措施。联合国教科文组织在2003年10月通过了《保护非物质文化遗产公约》，旨在保护以传统口头文学以及作为其载体的语言，传统美术、书法、音乐、舞蹈、戏剧、曲艺和杂技，传统技艺、医药和方法，传统礼仪、节庆等民俗，传统体育和游艺等为代表的非物质文化遗产。该公约于2006年4月生效。各国陆续针对本国国内民间传统非物质文化遗产出台并采取了一系列各级各类别的抢救与保护措施。传统手工技艺作为非物质文化遗产被列为抢救与保护的重要对象。

2011年2月25日，第十一届全国人民代表大会常务委员会第十九次会议通过了《中华人民共和国非物质文化遗产法》。这部法律于2011年6月1日施行。国家对非物质文化遗产采取认定、记录、建档等措施予以保护，对体现中华优秀传统文化，具有历史、文学、艺术、科学价值的非物质文化遗产采取传承、传播等措施予以保护。

内蒙古自治区于2009年成立了"内蒙古非物质文化遗产保护中心"，对全区非物质文化遗产项目开展了全方位认定、抢救、保护、研究、整理和合理利用工作，并取得了显著成效。内蒙古自治区自开展非物质文化遗产抢救与保护工作以来，将辖区内各地区各民族的民间传统技艺纳入重要抢救与保护项目行列中，先后7次在自治区级非物质文化遗产名录中纳入131项民间传统手工技艺，其中与擀毡技艺相关的传统技艺共有13项。内蒙古自治区级民间手工技艺非物质文化遗产项目统计如下表：

**内蒙古自治区级民间手工技艺非物质文化遗产项目统计表**

| 年份 | 2007 | 2009 | 2011 | 2013 | 2015 | 2018 | 2022 | 合计 |
|------|------|------|------|------|------|------|------|------|
| 民间技艺 | 12 | 31 | 12 | 11 | 14 | 25 | 26 | 131 |
| 擀毡技艺 | 2 | 3 | 2 | 2 | 1 | 3 | 0 | 13 |

2009年，第二批自治区级非物质文化遗产名录中列入由乌拉特中旗申报的"传统制毡擀毡技艺"项目。2013年，在第三批自治区级非物质文化遗产名录中将苏尼特左旗申报的"绣毡技艺"列入保护项目。2014年7月，"绣毡技艺"成功入选我国第四批国家级非物质文化遗产名录。传统擀毡技艺及绣毡技艺的入选，极大地推动了自治区内各地区各民族对传统擀毡制毡技艺的传承与保护工作，提升了民众对传统文化遗产的感知力与保护意识。

在各级各部门的大力支持与推动下，目前巴彦淖尔市乌拉特中旗，锡林郭勒盟苏尼特左旗、苏尼特右旗、正蓝旗等地区纷纷开展了擀毡技艺及绣毡技艺等文化事项的保护与传承工作。擀毡技艺从民间传统手工技艺逐渐走入工厂工艺制作流程，走向文化事项活态展演，走进中小学课堂，呈现出生机勃勃的复兴态势。研究创作于民间、传承于民间的这一传统手工技艺，再现其深厚的文化内涵，对于发展中华民族文化事业、坚定文化自信具有重要的意义。

## 三、研究方法

传统擀毡技艺是民众在久远的历史长河中提炼的生产生活经验的结晶。对这个在民间广为流传的古老而传统的生产生活技艺进行研究，不仅要掌握其发展演进脉络，而且更要着重探讨擀毡技艺在民众生产生活中起到的重要作用。由蒙古族传承的擀毡技艺所制作的毡制品不仅满足了蒙古族先民的生产生活所需，而且体现了蒙古族民族的情感价值和审美情趣。对蒙古族传统擀毡技艺进行历史文献研究与田野调查研究具有重要的理论意义与现实意义。

### （一）历史文献研究方法

历史是探索人类社会形成、发展演变及人类文明演进轨迹的重要依据，也是人类社会发展不可分割的重要组成部分。历史体现了客观世界的运动发展过程，对任何事物的研究都离不开对其历史过程的探究。"以史为鉴，借古论今"是学者对历史重要性的高度概括。近些年来学术界对历史的重视程度越来越高，许多学者从历史的角度阐释当今人类社会诸多现象的研究所占比重呈逐年上升趋势，如"历史社会学""历史人类学""历史考古学""口述史学"等新兴学科的发展，都证明了历史研究视角与历史研究方法在当下学术领域的重要性。

擀毡技艺及制作毡制品手工技艺是游牧民族古老的民间技艺，它的制作工艺流程与中国历朝历代宫廷或官家执掌管理的官方工艺作坊中的技艺技巧是有所差异的，在历代官方文献史志资料中相关记载较少，有些只在民众中以口耳相传的方式世代相传至今。但是，包括蒙古族在内的我国北方游牧民族的历朝历代文献史料中，我们依然可以捕捉到民间擀毡技艺或民众

①［汉］司马迁：《史记》（九），中华书局1963年版，第2879页。

②柏朗嘉宾又译为普兰·卡尔宾。

生产生活中使用毛毡制品的记载。

《史记·匈奴列传》中记载："匈奴……自君王以下，咸食畜肉，衣其皮革，被旃裘。"①这里的"旃裘"是指"毛织衣服"。游历蒙古草原的柏朗嘉宾②在《柏朗嘉宾蒙古行纪》、马可·波罗在《马可·波罗游记》及蒙古族历史文献《蒙古秘史》等相关文献史料中关于北方游牧民族生产生活中广泛使用毛毡制品的记载比比皆是。这些文献资料的记载体现了擀毡技艺及毛毡制品的使用在游牧族群社会生活中具有普遍性和重要意义。

通过历史文献研究方法梳理蒙古族传统擀毡技艺的发展，对于全面了解和科学研究蒙古族这一民间传统工艺技能具有重要的价值与意义。文献梳理研究也是对传统擀毡技艺相关的知识进行科学描述的有力依据，是从文化传承视角重新考量这一具有浓厚历史特征的民间传统技艺的重要方面。

### （二）田野调查研究方法

通过历史文献研究方法可以掌握蒙古族传统擀毡技艺的发展演变过程，而采用田野调查研究方法可以进一步掌握这一民间传统技艺的发展现状。

20世纪20年代初，英国人类学家马林诺夫斯基创立并使用了科学的文化人类学田野调查方法。在一个多世纪里田野调查法已成为文化人类学、社会学、民族学、考古学、生态学、民俗学等多个社会科学研究领域不可或缺的科学研究方法。田野调查法不仅能够弥补历史文献研究方法的不足，也是探究对象发展演变轨迹的有效依据。

对蒙古族传统擀毡技艺进行实地调查，通过田野调查获取翔实可信的第一手资料，描述这一民间传统技艺在蒙古族民众中世代相传演进的过程与现状，也是全面了解与掌握擀毡技艺发展所必不可少的环节。

这一民间技艺经过几千年的流传，已经成为草原民族生产生活中重要的手工技艺。虽然社会的发展与科技的不断创新，使传统的手工擀毡技艺在一些草原地区逐渐由原来的牧民集体性手工擀制方式演变为城镇地区机械作坊的加工方式，但直至20世纪80年代，在内蒙古的游牧地区，牧民们依然沿用着传统手工技艺擀毡和制作毡制品的方式。这一时期，传统的擀毡技艺存在于民间，而且使用毡制品也是较为普遍的现象。但20世纪90年代之后，传统擀毡技艺与毡制品渐渐淡出了民众的生活。

传统擀毡技艺虽然曾一度淡出民众的生产生活，渐渐失去了往昔生产生活中的重要地位与用途，但近些年来随着非物质文化遗产抢救与保护工作的大力开展，传统擀毡技艺作为民众智慧的结晶，已被纳入我国非物质文化遗产名录中并被加以保护与研究。

内蒙古各地区对传统擀毡技艺及毛毡生产生活用品、毡制工艺品制作的重视程度不断提高，使得这一濒临消逝的民间传统技艺重新获得了生命。对内蒙古自治区巴彦淖尔市乌拉特毡制技艺及锡林郭勒盟苏尼特右旗、苏尼特左旗、正蓝旗等地区的展演性传统擀毡技艺和毛毡工艺品制作技艺进行田野调查，通过第一手田野资料进一步展示传统擀毡技艺的发展现状，是擀毡技艺研究的重要步骤与研究方法。

历史文献研究方法与田野调查研究方法是相辅相成的科学研究方法，通过两种研究方法的有效结合，可以全面展现蒙古族传统擀毡技艺的发展演变历程。

# 第一章 蒙古族传统擀毡技艺的历史渊源

擀毡技艺是随着游牧民族生产生活方式的发展而产生，并在游牧民族居所形式的演化中得以形成的手工制作技艺。蒙古诺彦乌拉匈奴贵族墓葬出土的毡绣及阿尔泰地区出土的毡制品足以证明擀毡技艺及毡制用品在北方游牧民族生产生活中已经历了3000余年之久。

从"匈人父子同穹庐卧"起，木架毡围结构的穹庐便成为包括蒙古族在内的北方诸多游牧民族居所共同的标志。擀毡技艺也成为每户牧民自给自足生产生活方式的主要体现形式。从居所帐房的围毡、顶毡、毡席，到鞍具、毡袋、毡囊、毡接羔袋等用具，再到毡披风、毡帽、毡靴、毡袜等生活用品，甚至与宗教信仰相关的神灵毡偶，毡制品无处不在地彰显了擀毡技艺在游牧生活中的重要作用。

## 第一节　相关文献记载

散落于游牧民族栖息的北方地区的草原上的岩画艺术、出土墓穴随葬品及历朝历代史书、游客游记等，为后人探索蒙古族先民在生产生活中大量使用毛毡制品及擀毡技艺的发展演变轨迹，提供了大量有力佐证。司马迁《史记·匈奴列传》中记载"匈奴

① ［汉］司马迁：《史记》（九），中华书局1963年版，第2879页。

② ［汉］司马迁：《史记》（十），中华书局1963年版，第2900页。

③ ［唐］令狐德棻等：《周书》（第3册），中华书局1971年版，第912页。

④ ［元］关汉卿：《元曲三百首注释》，素芹注释，北京联合出版公司2015年版，第277页。

⑤ 耿昇、何高济译：《柏朗嘉宾蒙古行纪·鲁布鲁克东行纪》，中华书局2002年版，第30页。

⑥ 耿昇、何高济译：《柏朗嘉宾蒙古行纪·鲁布鲁克东行纪》，中华书局2002年版，第30页。

⑦ 耿昇、何高济译：《柏朗嘉宾蒙古行纪·鲁布鲁克东行纪》，中华书局2002年版，第211页。

人，被旃裘”①，“匈人父子同穹庐卧”②。唐代令狐德棻在《周书·异域传·吐谷浑》中记载：“虽有城郭，而不居之，恒处穹庐，随水草畜牧。”③这些记载均描绘了我国北方游牧民族逐水草而居于毡帐的情景。元代文学家马致远在其杂剧《汉宫秋》中书写道：“毡帐秋风迷宿草，穹庐夜月听悲笳。”④这也是北方游牧民族居住于毡帐的写照。

除了我国各历史时期的官方史志资料，外国探险家、游客所写的游记中也大量记载了关于北方游牧民族生产生活的习俗，自然也有描写毡帐及毡制用品的相关内容。13世纪意大利旅行家柏朗嘉宾在《柏朗嘉宾蒙古行纪》中记载：“他们的房屋像帐篷一样是圆形的，并且用树枝或细木支撑起来……围毡、顶毡全都用毡子做成，就连门都是用毡子做成的。”⑤并且对13世纪蒙古族信仰的神灵记载道：“他们拥有一些用毛毡做成的人形偶像，将之置于自己幕帐大门两侧，并且还在偶像的脚下放置一些用毛毯做成的乳房一类东西，他们认为这些偶像是牲畜的保护者，同时也是奶汁和畜群繁殖的赐予者。”⑥蒙古族早期信仰萨满教，吉雅嘎其神是五畜牲畜保护神，因此蒙古族先民供奉毡制吉雅嘎其神，希望得到神灵庇护，畜群能够繁衍。同一时期的法国传教士鲁布鲁克在《鲁布鲁克东行纪》中写道：“他们搭建毡帐是将门冲向南面……主人的头上总有一尊用毡制成的像，好像玩偶或塑像，他们称之为主人的兄弟；主妇头上也有类似的像，他们称之为主妇的兄弟，这些像是附在墙上。”⑦蒙古族先民信仰萨满教，将这些毡偶神灵称之为“翁衮”。“翁衮”是13世纪蒙古族信仰的萨满教中各神灵的统称，被誉为牲畜保护神的吉雅嘎其神也是其中的神灵之一。

远古时期游牧民族大量使用毡制品，自然擀毡技艺是其不容忽视的重要手工技艺之一。在人类社会尚未进入商品交易时代，氏族部落抑或家庭内部掌握加工技艺，是生产生活得到保障的重要途径。毡制品的大量使用必然带动早期人类擀毡技艺的发展。

关于擀毡技艺的文献记载资料相对较少，北方民族擀毡最早的文字记载出现在周朝时期。《周礼·天官·掌皮》记载："掌皮掌秋敛皮，冬敛革，春献之，遂以式法颁皮革于百工。共其毳毛为毡，以待邦事，岁终，则会其财赍。""掌皮"在当时指监管制毡业的官吏。《齐民要术》可以说是记载擀毡最为详尽的文献史料，据北魏著名农学家贾思勰的《齐民要术》记载，北方游牧民族"作毡法，春毛秋毛中半和用，秋毛紧强，春毛软弱。独用太偏，是以须杂。三月桃花水毡第一。凡作毡，不须厚大。唯紧薄均调乃佳耳。通作斿"。这里详尽地描述了北方游牧民族擀毡技艺的要领。以上文献资料更多的是阐明擀毡技艺的原材料、加工中需要注意的事项，而针对擀毡技艺具体流程的相关记载很少。这些史料证明毡子自古有之，并且是居住在北方的各民族生活中不可缺少的重要生活物件。无论是北方的游牧民族，还是定居型的民族，都曾留下了使用毡子的相关记载或痕迹。如《鲁布鲁克东行纪》中记载："他们拿粗羊毛制作毡子覆盖房屋和箱子，也做卧具。用羊毛掺和三分之一的马鬃做成绳索。他们也用毡子制作套子、鞍布和雨篷，因此他们使用大量的羊毛……妇女也制作毡子和铺盖房舍。"[①]通过记载可以获悉，13世纪蒙古族先民已经掌握了擀毡技艺，但游记中并没有对擀毡过程进行更加详细的描述。因此，至今我们只能知晓蒙古族先民在生产生活中甚至在宗教信仰中，运用毡子或毡制品是普遍存在的现象，但无法考证蒙古族先民是如何擀制毡子的，即对传统擀毡技艺的流程无从了解。

① 耿昇、何高济译：《柏朗嘉宾蒙古行纪·鲁布鲁克东行纪》，中华书局 2002 年版，第 216—218 页。

## 第二节　蒙古族毡文化

擀毡技艺是民间工艺技能，产生于民众的生产生活需求之中，又服务于民众。对文字记载产生年代较晚的一些地域或民族，探究其传统文化所产生的缘由及其年代有一定的难度。虽然对蒙古族传统擀毡技艺的产生及蒙古族先民运用毡制品的确切时间已无从考证，但蒙古族先民的岩画、墓葬出土文物及其他民族文献记载等相关资料证明擀毡这一源于民众生产生活所需的民间传统技艺，在蒙古族早期社会生活中有着不可或缺的重要地位与作用。

### 一、"毡帐民"的称谓

史书对包括蒙古族在内的北方游牧民族的居住方式以及居所形式的记载均体现出同一特征，即北方游牧民族的居所是如同穹庐般的"毡制帐房"。因此"旃裘""穹庐""毡帐"以及随后出现的"蒙古包"、"博仔宇"（柯尔克孜语）、"克依仔宇"（哈萨克语）等居所称谓陆续登上北方游牧民族的历史舞台，既描述了游牧民族生养栖居的方式，又展现了集游牧民族智慧与生活阅历的民间工艺技能。虽然民间传统技艺的相关描述不见于历史经传，但实实在在是民众所创用并代代沿袭的实践性操作技艺，包罗万象地体现了老百姓的生活智慧，成为民众的精神财富。不光是文字记载，墓葬出土文物也呈现了古代游牧民族栖居之所及其形制，如在内蒙古赤峰市克什克腾旗发现的辽代墓穴出土石棺上绘制着毡帐形制。"敕勒川，阴山下，天似穹庐，笼盖四野。天苍苍，野茫茫，风吹草低见牛羊"[1]，这首流传于南北朝时期的古老而质朴的民歌《敕勒歌》，生动地描绘了北方游牧民族的生活景象。唐代颜师古对"穹庐"一词解释为："旃帐也。其形穹隆，故曰穹庐。"[2]"穹庐"一词说明公元5世纪中国北方游

① ［宋］郭茂倩编：《乐府诗集（下）》，上海古籍出版社2016年版，第1039页。
② ［汉］班固撰，［唐］颜师古注：《汉书》，中华书局1964年版，第3761页。

牧民族的主要居所是用毛毡围起的圆顶建筑。虽无从考证搭建穹庐的毡布是如何制作而成的，但一首古朴的民歌反映了包括蒙古族在内的中国北方游牧民族是居住在毡布围成的穹庐中的"毡帐民"。

"毡帐民"一词，在蒙古语中是"esgeitcrgtan"一语。作为同义语的"穹庐"一词最早出现于《史记》。其他史料亦出现过"穷庐""弓间""穹间"等称谓来泛指"毡帐民"。[①]

蒙古族的传统居所是蒙古包。蒙古包是蒙古族先民适应游牧生活所创造的环保型居所。蒙古包的主要构造除了木质结构的支架，毡子是蒙古包不可缺少的主要材料。蒙古包的幪毡、顶毡、围毡、铺毡都是毡制用品。蒙古包是由毡帐演变而来的。徐珂的《清稗类钞》记载："……又有毡帐……空其顶，覆片毡于上，以绳牵之，晴启雨闭。"[②]P.S.帕拉斯在《内陆亚洲厄鲁特历史资料》中对蒙古族先民的毡帐叙述道："毡帐……对于蒙古族这样一个生性喜动而又不习惯用车的民族来说，的确是非常实用和舒适的。帐篷的架子和覆盖顶部的毡布尽量做得轻巧，一方面是为减轻其重量，另一方面为免受冰冻的损坏而倒塌。"[③]这足以证明毡帐——蒙古包是蒙古族适应环境而逐渐形成的居所。

## 二、毡乡美誉

我国北方的游牧民族自古与中原民族在生活方面存在很大差异。生活模式的差异导致了南北各民族在文化、习俗、观念方面的差别。北方游牧民族迁徙游走的生活模式形成了住穹庐、衣旃裘的毡乡文化。指代生活特点的"穹庐""旃裘""旃毳"等称谓能够体现出毡乡的特色。毡乡美誉是中原民族对北方游牧民族的一种身份认同。

① 杨福瑞：《北方游牧民族穹庐观念及居住文化的影响》，《贵州社会科学》2009年第7期。

② 徐珂编：《清稗类钞》（第五册），中华书局2003年版，第2213页。

③ ［德］P.S.帕拉斯：《内陆亚洲厄鲁特历史资料》，邵建东、刘迎胜译，云南人民出版社2002年版，第130-131页。

汉字是世界文字史上的一颗璀璨的明珠。汉字是中华民族文化的瑰宝，也是中华民族为人类文明作出的重要贡献。汉字的博大精深不仅在于其集形、音、意三位一体的独一无二的特征，更在于其悠远的历史及对中华民族文化的传承与发展，也彰显了中华民族的文化自信。汉字简练通达的"意合"特点，使汉字呈现出独特的结构，表意灵活多样。汉字的信息表达量也是其他语言所不能比的。据著名数理语言学齐普夫定律核算，汉字在比较研究的多种语言中信息熵是最高的一种文字。信息熵是指某种特定信息出现的概率。语言的信息熵即指语言文字所能表达的信息量。中国汉字的信息熵最高表明在同样多的字符情形下所表达的信息量是最多的。

在如此精妙的文字中，源于游牧民族、流传诸少数民族生活中的毡子及毡制品除了用"毡"字表示，还有诸多不同的字样传承。出现在各类文献资料中的"氈""毯""毹""毡毲""毡毲""氀""毡罽""氈毹"等字词均含毛毡之意。例如，"氈"与"毡"同用，指"擀压兽毛制成的片状物，可做防寒的用品"[1]。"毹"字解释与"毡"相同。"毡裘"或"毹裘"，指"古代北方及西南少数民族所穿毛织服饰，或泛指北方少数民族"[2]。"毯毹"解释为"西藏出产的一种毛织品"[3]。"毯罽"同"毡罽"，均指毡或毛毯。"氈毹"指毛织的地毯。[4]仅仅指毛毡或毛毡制品就有如此多的意义相近的字词，足见汉字的博大精深。

《旧唐书·张柬之传》记载："汉置永昌郡以统理之，乃收其盐布毡罽之税，以利中土。"[5]晋人王嘉《拾遗记·蜀》记载："所幸之宫，咸以毡绨藉地。"[6]宋人田况《儒林公议》记载："其民虽瘝堕寒冽，非毹毲不御，然有衣服染绩矣。"[7]《续资治通鉴长编》记载："戎主吹角为号，众即顿合，环绕穹庐，以近及远。"[8]这些记载中都含有与"毡"相关的词汇。

① 新华辞书社编：《新华字典》，商务印书馆1962年版，第580页。
② 夏征农主编：《辞海》，上海辞书出版社2000年版，第1762页。
③ 新华辞书社编：《新华字典》，商务印书馆1962年版，第366页。
④ 新华辞书社编：《新华字典》，商务印书馆1962年版，第390页。
⑤［后晋］刘昫等：《旧唐书》（第9册），中华书局1975年版，第2939页。
⑥ 王兴芬译注：《拾遗记》，中华书局2019年版，第223页。
⑦［宋］田况：《儒林公议》，张其凡点校，中华书局2017年版，第85页。
⑧［宋］李焘：《续资治通鉴长编》（第2册），中华书局1979年版，第605页。

"穹庐""旃裘""毡毳"等词汇不仅指北方游牧民族擀制的毛织物品，也泛指北方游牧民族。《后汉书·郑众传》记载："臣诚不忍持大汉节对毡裘独拜。"南朝人丘迟的《与陈伯之书》记载："朱轮华毂，拥旄万里，何其壮也。如何一旦为奔亡之虏，闻鸣镝而股战，对穹庐以屈膝，又何劣邪。"[1]唐代陈鸿的《东城老父传》记载："上皇北臣穹庐，东臣鸡林，南臣滇池，西臣昆夷，三岁一来会。"[2]这些相关记载说明在中国各历史时期北方游牧民族因其生活习俗而被称作"穹庐""旃裘"等。

从以上文献资料可知，擀毡技艺既是北方少数民族创用沿袭的民间传统技艺，也可视作北方游牧民族身份认同的象征符号。

## 三、毡文化

游牧民族在漫长的游牧生产生活中进行擀毡、制作毡制品、用毡的过程中，渐渐形成了与毡制品息息相关的并体现游牧民族生活智慧与审美情趣的各类毡文化习俗。这些与毛毡紧密相关的习俗惯制，都是游牧民族适应游牧生产生活方式、适应自然环境而创造与积累的民众智慧结晶。从最初的穹庐、毡帐用的围毡、铺毡到毛毡制成的服饰、毡制信仰偶人、毡制艺术品，在漫长的游牧经济发展中，毛毡已成为游牧民族生产生活习俗的重要物质体现与文化载体，是游牧民族辉煌历史与文化记忆的重要符号。

毡文化是包括蒙古族在内的诸多游牧民族共同创造、发展并世代传承的人类文化瑰宝之一，是游牧民族物质文化与精神文化相结合的产物。毡文化整合了游牧民族的宇宙观、社会观与审美观，与之相关的毡制品蕴含着实用性与象征性的特征。以蒙古族的蒙古包为例，围毡是搭建蒙古包的主要材料。蒙古包搭建方式

[1] ［梁］萧统编，［唐］李善注：《文选》，中华书局1977年版，第608页。
[2] ［宋］李昉等编：《太平广记》，中华书局1961年版，第3995页。

的主要特点是不打地基、不动土层，这既是蒙古包建筑的简便搭建特征，也是依靠草场生养栖息的蒙古族人民适应自然环境、保持生态平衡的重要思想体现。草场、牲畜是蒙古族赖以生存的重要物质基础。蒙古包建筑很好地体现了蒙古族对自然环境的珍惜与爱护，是游牧民族与自然和谐相处的宇宙观的重要体现。

擀毡技艺及毡制品制作技艺，不仅体现了蒙古族人民满足生产生活需求的实践模式，而且也体现了蒙古族人民的各类仪式、习俗、观念甚至是制度体系。古老而传统的擀毡技艺既体现了创造劳动产品的过程，也体现了创造精神财富的文化现象。正如英国民俗学家班尼所说："民俗学家注意的不是耕具的形状，而是用耕具耕田的仪式；不是渔具的制造，而是渔人在海上捕捞时遵守的禁忌……"①每一种行为更深层次的意义与其表象的行为一样都是人类科学应该研究的对象。在学者们的共同努力下，民间传统手工技艺在20世纪初被纳入各类社会科学与人文科学研究的对象范畴。

传统擀毡技艺作为民间传统工艺，是游牧民族的物质财富与精神财富的反映。研究擀毡技艺不仅要研究擀毡劳作工序，研究擀毡匠人，研究与擀毡相关的习俗惯制，更要研究传统擀毡技艺所蕴含的文化寓意，要把擀毡技艺作为一种文化现象进行全面系统的研究。毡文化是北方游牧民族为中华民族文化宝库所作出的重要贡献。

①乌丙安：《中国民俗学》，辽宁大学出版社1999年版，第5-6页。

## 第二章 蒙古族传统擀毡技艺的发展

居所是人类适应自然环境、保障自身生存发展的体现和智慧结晶。栖息在不同自然环境中的不同族群为了生存与发展的需要，在长期的生产生活实践中不断探索、创新，发明创造出了适宜自身居住的居所。

分布于北极圈内的早期因纽特人为了适应极地的寒冷气候，用雪砖砌成雪屋居住。就地取材、适应极地气候的雪屋是因纽特人适应气候的最佳居所，是他们长期生活经验与智慧的结晶。而生活在热带雨林气候下的非洲土著居民，亚洲泰国、中国云南少数民族等不同地域不同族群的民居建筑风格，虽在外观形状方面有所差别，但基本上遵循着"就地取材、防潮抗旱、利于排水、防止积雨"的建筑原则来建造居所。这样的居所同样也是适应所处地域的自然环境、气候条件而产生的人类创造物。

旃裘、穹庐、毡帐是游牧民族适应自然环境、气候条件和逐水草而迁徙的游牧生产生活方式的产物。蒙古族先民不仅在搭建居所时使用围毡、顶毡、毡门，毡帐内的席铺、袋囊，甚至祭拜的宗教信仰神灵偶人也多用毡子制作而成。毛毡及毡制品在游牧民族生产生活中的多种用途证明擀毡技艺不仅是游牧民族重要的家庭手工技艺之一，还是游牧文化的重要体现。

随季节更换牧场的生产生活模式是游牧民族的显著特征之

一，并且独户或少数牧民分散居住在各自牧场的特点，使游牧民族较难形成具有一定规模的手工作坊。因此，牧民自给自足地生产生活所需用品、用具来满足自身需求是必然的。在北方诸多游牧民族间贸易往来与大型加工技艺作坊尚少的时期，包括擀毡技艺、毡制品制作技艺在内的许多民间生产生活技艺更多的是以家庭为单位的自给自足型产业。传统擀毡技艺在经济贸易并不发达的时期，成为当时游牧民族每个家庭都能够依靠自身或邻里帮助完成的日常劳作技艺。

## 第一节　蒙古族传统擀毡技艺产生的缘由

传统擀毡技艺是适应北方诸游牧民族生产生活的需求而产生，并代代相传至今的民间手工技艺。擀毡技艺的产生是在特定环境下产生的，是民众智慧的体现，是游牧民族生产生活方式的直接产物。

### 一、由游牧民族生活的环境所决定

"游牧"一词顾名思义就是"游走于牧场间放牧"。游牧经济是早期人类社会的经济类型之一，产生于距今3000余年前，是人类适应干旱和半干旱地区自然环境而产生的一种生计方式。历史上将以牧场为轴心迁徙的民族称之为"游牧民族"。据古希腊历史学家希罗多德的《历史》一书记载，最早登上人类历史舞台的游牧民族是公元前8世纪在以黑海北岸南俄罗斯草原为中心地域栖息的斯基泰人。此后世界各地广泛出现了游牧民族群落，如生活在中国北方、中西亚山地、阿拉伯半岛、欧亚草原、东非、北非、南美洲、澳大利亚等广袤地域的游牧民族或族群。

在世界范围内，游牧民族栖息的自然环境具有相类似的地质地貌特点。游牧民族生活在高寒、干旱或半干旱地区，严寒酷暑、气候干燥、雨水稀薄、昼夜温差大等是这些地区的主要特征。气候是草场优劣的关键所在，而草场又是游牧民族赖以生存的根基。草场上草的长势取决于气温、雨水等自然因素，使得游牧民族的生存高度依赖自然环境，也决定了游牧民族需要随季节迁移的独特性。《辽史·营卫志》记载，"大漠之间，多寒多风，畜牧畋渔以食，皮毛以衣，转徙随时，车马为家"，真实地反映了游牧民族的生活特点。瑞典著名史学家多桑在其《多桑蒙古史》中也记载了蒙古族先民居住的自然环境之恶劣的景象："鞑靼地域处地甚高，故其气候较之欧洲同一纬度之气候为严烈。拜哈勒湖水每年冰结者常四五月，摄氏寒暑表零度下二十五度之寒度，不少见也……"[1]

自然环境的恶劣，注定了游牧地区水草丰美的草场数量是有限的。在漫长的历史发展进程中，游牧民族为了适应自然环境，也为了保障自身生存，选择了逐水草而居的生活方式。因此，遵循草木生长的自然规律，合理有效地利用有限的草场，成为每一个游牧民族必须遵守的生存定律。迁徙、移动的生活，必然要求搭建、拆卸与携带简易轻便的居所及生产生活用具。蒙古包在搭建与拆卸方面是最适合游牧生活方式的便利居所，而围毡的特性又恰如其分地迎合了冬寒夏热的干旱地带族群的生活需求。毡子防寒、防潮、耐用等特性最适合气候相对恶劣的地区使用。因此，游牧民族的擀毡技艺及毡制品制作技艺的产生是由游牧民族生活的环境所决定的。

[1]［瑞典］多桑：《多桑蒙古史》，冯承钧译，上海书店出版社 2003 年版，第 27 页。

## 二、由蒙古族先民自给自足的生产生活模式所决定

自《旧唐书》记载"蒙兀室韦"起，至伊尔汗国宰相拉希德丁所撰《史集》中"额尔古纳神话"的流传，在中国北方一个以东胡为族源的北方游牧民族就此展开了其宏伟的历史长卷。依据《史集》及13世纪《蒙古秘史》的记载，蒙古族先民在公元8世纪左右开始活跃于蒙古高原。8世纪起，蒙古族先民登上了历史舞台，驰骋于亚欧大陆。自13世纪建立了横跨亚欧大陆的蒙古帝国以来，游牧的生活方式既是其立国之本，也是其被称为马背上安邦定国的"马背民族"美誉的由来。

千百年来蒙古族先民生活在广袤的草原上，保暖又耐用的毛毡制品便成为其生产生活中最重要的用品。可以说毛毡制品源自蒙古族的游牧生活，也是蒙古族先民适应气候的杰作。在物资匮乏、经济贸易滞后的北方游牧地区，家庭式手工技艺是保障蒙古族先民生产生活需求的重要手段。畜牧经济的方式为蒙古族擀毡劳作提供了便捷的原材料，集体劳作的方式为擀毡制毡工序提供了必要的劳动力，并且形成了团队之间的协作精神。传统擀毡技艺是蒙古族先民保障自给自足生活需求的重要途径。

擀毡技艺从原材料到工艺技能的普及化，体现了游牧民族生活的特质。毛毡特有的性能，满足了蒙古族先民的生产生活需求。例如，蒙古包的主体框架是木质结构，从陶脑（顶子）、乌尼（撑架）到墙壁都是由木质材料搭建而成的，而铺或围在这些木质主体结构上的材料都是用毛毡制成的。蒙古族先民为这些毛毡取了相应的称谓。铺在蒙古包顶部陶脑上的毡子称为"特布日"；围在蒙古包木壁上的称为"陶古日嘎"，即围毡的意思；蒙古包被称为"毡包"，也是源于木质结构上整体覆盖着毡子的缘由。毛毡成为蒙古族游牧生活的最真实的写照。

在如今的日常生活中，毡制品依然是蒙古族不可或缺的生产

生活物品。接羔袋、羔羊绳索、牛犊脖套、马鞍衬底物、毡褡裢、驼鞍等生产用具及毡帽、毡靴、毡袜等生活用品都是蒙古族祖辈相传沿用的毡制用品。

毛毡及毡制品的大量使用，带动了擀毡技艺的发展。贸易滞后又为擀毡技艺以家庭为生产单位的普及化起到了推动作用。这也是游牧民族家家户户会擀毡的主要原因。

### 三、由毛毡制品的品性所决定

毛毡制品因其耐用、防寒、防潮、防蛀等特性成为蒙古族先民生活中的首要选择。毡子及毡制品具有很强的耐用性，只要在存储时防蛀防潮措施得当，一块毡子或者毡制品可以用几代人。毡子的耐用性也适于一年四季逐水草而迁徙的蒙古族游牧生活。

擀毡技艺的流程具有顺序性，用料以羊毛为主，在擀制过程中弹羊毛、铺毛絮及喷水压实，在毡子大致成形后用马、骆驼拉毡或人工拖拽等工序，使擀制的毡子具有很强的密度，不仅可以抵御风寒，也可以防雨雪渗透。毡子的这些性能对于生活在昼夜温差大、气候干燥、冬季寒冷、夏季炎热，介于沙漠气候与湿润气候之间的温带地区，孤立于一望无际草原上的蒙古族人来说是最佳的选择。

## 第二节　蒙古族传统擀毡技艺的发展

蒙古族先民在长期经营畜牧业的过程中形成了原始手工业，这类手工业最初是以家庭为生产单位，并且在家庭内部劳作中逐渐形成了独特的技艺。蒙古族传统擀毡技艺便是其中之一，是蒙古族先民进行畜牧经营、获取生存生活资料的重要技能。

# 一、传统擀毡技艺的发展

传统擀毡技艺是游牧民族生产生活的直接产物。包括蒙古族在内的诸多北方游牧民族都世代承袭着祖辈流传下的擀毡技艺，通过辛勤的擀毡劳动补给着家庭生产生活所需的毡子与毡制品。《后汉书·乌桓鲜卑列传》中"妇人能刺韦，作文秀，织氀毼。男子作弓矢、鞍勒，锻金铁为兵器……"[①]，表现了北方游牧民族家庭分工明确、男女各司其职的家庭式手工技艺的状况。

包括擀毡技艺、搭建毡帐技艺、结绳技艺等诸多民间手工技艺在内的游牧民族传统家庭手工技艺，反映了游牧经济抑或畜牧业生产的情况。"食其肉，衣其皮"的游牧生活写照真实地反映了包括蒙古族在内的北方游牧民族的生活方式。用牲畜的乳汁加工食物，用其皮毛制作衣物及日常生产生活用品，是蒙古族先民早期自给自足型的经济生活模式的体现。

蒙古族先民在日常生产生活中使用毡子及毡制品的情况较为普遍。在交通及商贸发展相对落后的年代，生活中用的毡子及毛毡制品均由家庭生产模式擀制而成。从居住的毡帐、行走的勒勒车用的围毡，到穿着的毡帽、毡衣、毡靴、毡袜，以及祭拜的神灵偶人，毡子的影子无处不在。《鲁布鲁克东行纪》记载："妇女也制作毡子和铺盖屋舍。"[②]《多桑蒙古史》中记载："其家畜且供给其一切需要。衣此种家畜之皮革，用其毛与尾制毡与绳"，并且对13世纪蒙古族女子家庭劳作进行了记载："女子颇辛勤，助其夫牧养家畜、缝衣、制毡、御车、载驼，敢于乘马，与男子同。"[③]通过梳理文献记载，我们只能够追寻到包括蒙古族在内的北方诸游牧民族家庭生产劳作中存在擀毡技艺，并且毡子及毡制品的用途极其广泛的相关信息，却无法考证游牧先民擀制毡子的工艺技巧。

① 田广金、郭素新：《北方文化与匈奴文明》，江苏教育出版社2005年版，第470页。

② 耿昇、何高济译：《柏朗嘉宾蒙古行纪·鲁布鲁克东行纪》，中华书局2002年版，第218页。

③ ［瑞典］多桑：《多桑蒙古史》，冯承钧译，上海书店出版社2003年版，第28页。

擀毡技艺因毡子的广泛使用而成为蒙古族重要的家庭手工技艺之一。蒙古族擀毡技艺形成的年代虽然无法考证，但是这一手工技能却被代代相传至今。直到20世纪90年代，擀毡劳作都是蒙古族牧民畜牧生活模式的重要内容之一。地方志是蒙古族传统擀毡技艺传承发展的印证。

据《台吉乃尔旗志》记载，青海台吉乃尔蒙古族自西汉时期居住于柴达木盆地中南部，过着"逐水草，居毡帐"的游牧生活。直到清末民国时期，当地蒙古族主要的经济生活模式还是畜牧经济方式，五畜是其主要生活来源。"除用羊毛擀毡子，做蒙古包围毡，缝制毡垫、毡袜等生活用品，还要用毡子交官家赋税。"[①]直到20世纪90年代，当地蒙古族依然承袭着传统的擀毡习俗，每年六月份开始剪羊毛，邻里之间协作擀制毡子。擀毡工序依然是传统的制作方法，擀制完毡子之后要设宴款待参加擀毡劳作的邻里。当地蒙古族用毡子主要制作蒙古包围毡、铺垫、马鞍驼鞍衬底、接羔袋、幼畜披风肚兜、毡靴、毡袜等用品，贴补家庭之用。

据地方文献资料记载，内蒙古赤峰市巴林右旗在1949年之前，擀毡主要依靠牧民家庭式的手工操作，也有少量走户型的毡匠专门从事上门擀毡的手工行当。1949年以后，牧区家庭用毡主要是家庭自己生产，此情景持续到20世纪60年代，之后家庭擀毡技艺渐渐失传，人们较少进行擀毡劳作，更多的家庭是通过购买工厂、作坊擀制的毡子或毡制品来满足生产生活需求。但随着生活方式的变迁，毡子及毡制品的需求量越来越少，因此传承久远的又一民间传统手工技艺——擀毡技艺面临消失的风险。

现代化发展的进程席卷整个草原地区后，不只是赤峰地区，内蒙古许多牧区都出现了相同的现象。砖瓦结构的房屋或

① 才仁巴利主编：《台吉乃尔旗志》，内蒙古教育出版社1995年版，第465页。

高楼大厦取代了蒙古包，轻便材质的生产生活用品取代了毡制品，这些变迁使传统擀毡技艺渐渐淡出人们的生活，成为濒临失传的技艺。

20世纪80年代以来，传统擀毡技艺在传承与发展上呈现出断层迹象，无论是村落家庭式擀毡还是毛毡加工厂的制毡业务都出现了停工停产的现象。人们很难再看到背着工具走家串户的毡匠身影，也很难看到牧区欢快祥和的集体擀毡劳作景象。传统擀毡技艺逐渐成为人们记忆中的"老手艺"。

## 二、工厂作坊制毡工艺的发展

在传统游牧经济早期，蒙古族民间手工擀毡技艺及毡制品制作技艺是以家庭为单位，满足家庭基本生产生活需求的小范围、操作简单的手工技艺。但随着游牧经济的发展，毡子及毡制品的需求量不断增加，家庭式擀毡技艺并不能解决大量的需求，应运而生的是手工作坊式的擀毡制毡工艺。传统家庭手工模式的擀毡技艺渐渐发展成为具有一定规模的擀毡作坊或制毡工厂的机械制作工艺。

蒙古族手工业的发展可以追溯到匈奴时期。《汉书·匈奴传》记载匈奴乌珠留若鞮单于答汉帝"匈奴西边诸侯作穹庐及车，皆仰此山材木"[①]而未割让土地的史事，以及蒙古诺彦乌拉匈奴贵族墓葬随葬的毛毡织物，说明至少在公元前3世纪的时候，北方游牧民族经济生产中就已经出现手工业及匠人了。坐落于乌兰乌德西南的匈奴时期伊沃尔加古城遗址出现的公元前1世纪左右的制陶、金属冶炼与加工、皮毛加工作坊遗址，见证了游牧民族早期手工业生产的发展迹象。

元代时期，蒙古族统治阶级极其重视对匠人的征用，在许多地方建立了官方或皇亲贵族经营的手工业作坊。为了进一步掌控各地手工业作坊，统治阶级完善了工部、将作院、总管府衙及地

① ［汉］班固：《汉书》，中华书局1964年版，第3810页。

方管理系统。《元史》记载："诸司局人匠总管府：'掌管毡毯等事'。其下有大都、上都、隆兴等毡局、染局。"据记载，当时大都设有毡局，管匠人125户；上都设有毡局，管匠人97户；隆兴拥有制毡手工作坊100户，并设有毡局，专门掌管中原地区及北方游牧地区统治者的毛毡供需。[①]但凡庐帐、车舆、铺设、屏障均需要大量的毡子，因此官方组织加工毡子的产业逐渐成为元代的一大经济产业。据文献记载，当时官方组织毡作坊擀制的毡子最多时仅1262年大都毡局就织造了羊毛毡3250段之多。[②]

　　元代官修政书《经世大典》的《序录·工典总叙》中将毡罽列为二十二类手工业之一。[③]官方毡作坊每年生产大量的毡子来满足皇宫、斡耳朵、各处行宫、官宦府邸及普通老百姓的生产生活所需。元代毡罽种类繁多，按照色泽可分为白毡、微白毡、雀白毡、青毡、红毡等；按照加工制作方法可分为熏毡、染毡、入白矾毡、无矾白毡等；根据质地又可分为羊毛毡、剪绒花毡等；根据用途还可以分为顶毡、围毡、铺毡、车饰毡、白袜毡、靴毡等。

　　元代时期，由官家毡局制造的大量成品毡除了主要销往居住在大都的统治阶层以满足其需求，还会销往人烟稀少的漠北游牧地区。元代诗人杨允孚诗《滦京杂咏》记载："夜宿毡房月满衣，晨餐乳粥碗生肥。"元朝官员宋本的《上京杂诗》记载："弯路画毡绕周遭，五月燕语天窗高。"这些都是元代游牧地区关于毡子使用的相关记载。

　　纵观元代商贸交易并没有关于毡类或毡罽物品贸易的具体记载。官方更多的是对内掌控着金、银、铜、铁、铅、锡等冶金类及盐、茶、酒等物资类商品的贸易，对外更多的是促进丝绸、缎娟、陶瓷容器等物品的交易。从史书文献记载可知，元朝时期官方毡局或地方制毡作坊擀制的毡子并不与南方地区或

① 周良霄、顾菊英：《元代史》，上海人民出版社1993年版，第504页。

② ［明］宋濂等：《元史·七志》，中华书局1983年版，第2146页。

③ 韩儒林主编：《元朝史》上，人民出版社1986年版，第362页。

海外进行贸易。

虽然文献资料关于毡子的成品数量及用途记载较为详尽，但无从考证这些毡子的具体擀制流程，因为关于民间抑或官方制毡作坊的擀毡工艺技能相关的文献记载少之又少。

20世纪初，工厂加工毡子或毡制品满足内蒙古各地区人民的生活需求，依然是较为普遍的现象。内蒙古各地区制毡厂、加工毡制品工厂直到20世纪80年代，都是该地区经济发展的支柱性产业之一。如赤峰市宝日浩特[①]毡帽加工制作技艺具有200多年的历史，擀毡制毡是该地区主要的经济收入之一。1949年之前，宝日浩特曾有两家毡帽加工作坊，制作毡帽工人最多时达到80人，年生产量2000多顶。这些毡帽不仅满足当地蒙古族人民的生活需求，也供应着山东、河北、辽宁等地区人民的生活需求。1949年以后，宝日浩特建立了皮毛加工厂，制作毡帽工艺得到了前所未有的发展。宝日浩特毡帽以其精湛的做工、耐用的品质在当时远近闻名，最高年产量3万多顶。到了20世纪80年代，当地经济的发展带动了创新性产业的发展，毛呢料产品渐渐取代了毡制品，制毡业渐渐失去了市场。但宝日浩特毛呢料帽子的制作工艺汲取了传统毡帽制作工艺的精髓，并于1985年荣获内蒙古自治区"民族用品优质产品"称号。[②]

赤峰市，原称昭乌达盟，其兴盛于18世纪中期。1742年清乾隆时期，清政府对内蒙古地区全面实施"移民实边"的政策，在昭乌达地区设立了巡察司，推动了当地经济社会的发展。随着人口的增加，昭乌达地区经济迅速发展，大街上商铺林立，包括皮衣及毡制品在内的各种商品贸易得到了迅速发展。

赤峰市克什克腾旗经棚镇的毡靴作坊创建于1933年。克什克腾旗地处偏远、交通不便，冬季降雪量极大，因此毡靴成为当地蒙古族必备的冬季鞋子。民国时期创建的经棚毡靴加工作坊远

① 现为乌丹镇。

② 徐世明主编：《昭乌达风情》，内蒙古科学技术出版社1995年版，第1032页。

近闻名，加工制作一双毡靴需要十道工序，成品毡靴保暖防潮性极佳。当时在当地民间盛传着"经棚毡靴，三年保暖"的美誉，足以证明该地制作的毡靴质量之高。

据赤峰市《巴林右旗志》记载，1949年之前巴林右旗牧民的生活用品主要依靠家庭手工擀制，而加工作坊在当地是民国时期才渐渐形成的。民国初期大板镇手工作坊仅有13处，但并无制毡加工业。1945年大板镇创建了皮毛加工作坊，主要从事制毡、制毯等加工业。1953年供销合作社建立了总加工厂，主要制作皮衣、皮鞋、毡子、毡靴以及车用具等物品，实现了包括擀毡加工在内的工厂型加工业制作。据记载该加工厂1964年制毡100张，1965年制毡200张。到了20世纪六七十年代，加工业进入停产停滞状态，直到1984年毛纺加工业才得以恢复。但毛毡及毛毡制品的加工却因牧民生产生活方式的变迁，没有能够像其他加工制作行业得到复兴发展，反而进入了萧条期，原先许多擀制毡品的加工业停止了毡生产。

1949年前后的呼伦贝尔地区毡加工业相关记录也表明该地区工厂式擀毡技艺的发展。呼伦贝尔皮毛加工业主要集中在陈巴尔虎旗、新巴尔虎左旗、新巴尔虎右旗、鄂温克族自治旗四个牧区的部分地区。牧区加工作坊主要加工皮革、毛毡制品。据《呼伦贝尔盟[①]志》记载，1979年牧区有6家皮毛加工企业，从业人员100人，主要生产车马辕具、毛毡制品，年产值约26万元。到了1989年时，皮毛加工企业增加到64个，从业人员也有400余人，除了生产加工传统皮革、毛毡制品，还增加了高档皮衣、皮鞋等现代产品加工制作。20世纪90年代之后，毛毡加工业渐渐凋零，加工产品主要为皮革类，尤其是以高档皮衣、皮具为主，以优质皮革、精细做工享誉省内外。[②]

据《苏尼特右旗志》（下简称"旗志"）记载，毛毡制作

① 现为呼伦贝尔市，以下同。

② 呼伦贝尔盟史志编纂委员会：《呼伦贝尔盟志（中）》，内蒙古文化出版社1996年版，第1087页。

是与皮制作手工业一同发展起来的畜牧产业。苏尼特右旗皮毛加工业兴起于20世纪50年代末，其中毛毡品加工制作是其支柱性产业之一。据旗志记载，1970年生产的皮毛制品达91.77吨，到了1980年时产量已达到100吨。但到了1997年的时候，皮毛加工产业生产的主要产品只剩下皮革及其制品，已经没有毛毡制品的相关记录。这说明到了20世纪末，毛毡及其制品已不再是苏尼特当地民众的主要需求品，但蒙古包围毡依然有加工生产的迹象是可以从旗志记载中得知的。20世纪60年代，苏尼特右旗民族用品加工业主要是加工蒙古包架子，仅1965年就制作了500个蒙古包架子。到了20世纪80年代，民族用品加工厂改进设备，完善加工技术之后，一年能够加工成套蒙古包500多套。成套蒙古包自然包括覆盖蒙古包架子的围毡、顶毡。在当时，苏尼特右旗生产的"双喜"牌蒙古包不仅受到国内多家旅游景区、民俗村的青睐，还远销日本、朝鲜、法国等国家，享誉全球。当时的日本有关人士高度评价"双喜"牌蒙古包，认为"苏尼特生产的蒙古包实在好，用料考究、制作精细、造型美观、特点浓郁、国优部优，中国一绝"[1]。苏尼特右旗"双喜"牌蒙古包曾连续24年获得国家民委、国家旅游局[2]以及内蒙古自治区内各级各类奖励和荣誉达60余次，成为远近闻名的标志性民族品牌。

蒙古包的使用率虽然在民间已逐年下降，但在社会的发展进程中，蒙古包却以传统元素与现代元素相结合的方式，依然展现着其独特的民族文化风韵。围毡是蒙古包不可或缺的重要组成部分，承载着蒙古族擀毡技艺。随着蒙古包文化的推广，蒙古族的传统擀毡技艺得以传承和发扬光大，吸引着来自世界各地的目光，让这一古老技艺焕发出新的生机。

工厂加工的毡子及毡制品在20世纪80年代之前，成为优质民

① 地方史志编纂委员会编：《苏尼特右旗志》，内蒙古文化出版社2002年版，第263页。
② 现为文化和旅游部。

族产品畅销国内外的现象也出现在内蒙古各地区。

　　苏尼特左旗关于毡业的记载，最早可追溯至1714年建于康熙年间的查干敖包庙。此庙可以说是苏尼特左旗各类行业发展的见证。在历史时期，查干敖包庙上建过学校、诊所、毡业社、铁匠铺等，推动了当时苏尼特左旗经济的发展。查干敖包庙周边擀毡加工作坊的发展，说明苏尼特左旗很早就已出现作坊型的擀毡加工场所，也可以说是沿用了元代官方毡局的一些元素。从简单的加工作坊到具有一定规模的工厂，苏尼特左旗的擀毡业发展同样经历了家庭式擀毡到工厂制毡的转变。据《苏尼特左旗志》记载，1957年苏尼特左旗创建了皮毛社，主要加工皮毛成品。苏尼特左旗毡制作从民间家庭式劳作逐渐演变成为工厂加工。1960年该皮毛社发展成具有一定规模的皮毛综合厂，内设各类加工车间，其中就设有毡业车间，生产的主要产品包括大毡、条毡、毡靴等毡子及毡制品。发展到1991年时，该皮毛社生产"蒙古包大毡918块、麻毡1435块、条毡853块、毡靴700双"[①]。1991年后该皮毛社由国有企业转至个体经营模式。从旗志文献资料可知，直到20世纪90年代，在苏尼特左旗牧民生活中毡子与毡制品还具有较大的市场。

　　在苏尼特左旗，毡制品加工企业持续到20世纪90年代，这与其他盟市旗县毡加工业在时间上相比要长，说明该地牧民直到90年代用毡量还较大，毡子在牧民生活中依然是重要的物件。除了加工毡子，1949年以后在苏尼特左旗商贸交易中，国家为方便牧民生活，提供的多种商品供应中毡商品占有一定的比重。据《苏尼特左旗志》记载，20世纪60年代，国家向牧区供应的商品中增加了与牧民生活息息相关的毡类商品，如普通毡子、蒙古包毡子、毡靴等。在《苏尼特左旗志》中并没有记载租税缴纳方面可以用"新毡子"缴税的相关记录，说明苏尼特左旗与苏尼特右旗

①《苏尼特左旗志》总纂委员会编：《苏尼特左旗志》，内蒙古文化出版社2004年版，第208页。

虽然接壤，但在税赋方面存在差别。

内蒙古西部地区各盟市史料也针对该地区毡加工业进行了较为详尽的记载。

据《乌拉特前旗志》记载，巴彦淖尔市乌拉特前旗农业地区在1949年之前已出现少数以擀毡为职业的专门的手工毡匠。这些手工毡匠专门以走户的形式承揽擀毡活计，以此养家糊口。而从事牧业的地区，牧民们主要自己擀制家庭所需的毡子。牧区擀毡主要是邻里相帮，采取集体劳作的方式擀毡，并且用传统擀毡技艺擀制毡子。1949年以后，乌拉特前旗才形成了具有一定规模的缝纫社、麻绳社与毛织厂等工厂式作坊。其中毛织厂主要生产各类织品，包括毛毡。据记载："1967年毛织厂自行设计制造了几台简易毛纺、制毡设备，生产实现了半机械化作业，年用毛量19.1吨，制作皮毛制品3100余件。"[①] 到20世纪70年代，毛织厂渐渐开始生产地毯，而制毡业渐渐萧条。巴彦淖尔市乌拉特前旗在20世纪70年代成立外贸局，当时主要向基层地区直接收购外贸商品，收购的畜产品中有毡鞋、毡帽等毡制用品。该记录说明直到20世纪70年代，乌拉特前旗民间依然存在擀毡技艺及用毡制作毡鞋、毡帽等生活用品的传统手工技艺。这些传统手工技艺制作的商品是牧民的家庭收入来源之一。1975年以后，《乌拉特前旗志》中再没有关于工厂制毡的相关信息，而乌拉特前旗的地毯加工量逐年上升，并逐渐成为该地区的支柱型产业，产品也远销欧美等多个国家。

根据乌拉特前旗税收的相关信息记载，可以了解到在该地区曾经有过以货物抵税的税收制度，即一种称之为"货物税"的地方税务类型，并在此类税收中出现了以成品毡代缴税的翔实记录。如《乌拉特前旗志》中在1953年的"货物税主要品目计税价格"一表中记有毛织品货物税，并且明确标价为一等黑毛毡1平方尺（约

① 乌拉特前旗志编纂委员会：《乌拉特前旗志》，内蒙古人民出版社1994年版，第441页。

0.11平方米）计税价格为0.5元；二等黑毛毡1平方尺计税价格为0.35元；一等白毛毡1平方尺计税价格为1.1元；二等白毛毡1平方尺计税价格为0.8元，以此类推计算毡抵扣税额。[①]乌拉特前旗属于半农半牧地区，当时有4个纯牧区、2个半农半牧区实施毛制品货物税征收，足见当时的乌拉特前旗牧民用传统擀毡技艺擀制毡子交货物税的情形。

① 乌拉特前旗志编纂委员会：《乌拉特前旗志》，内蒙古人民出版社1994年版，第610页。

### 三、商业发展中的传统擀毡技艺

内蒙古地区的畜牧经济是以家庭式手工技艺为基础发展起来的自然经济。在商贸交易还不曾发展起来的早期，牧民主要的生产生活品来源主要依靠五畜及牧民以家庭为单位的手工劳作。"食其肉，衣其皮"是游牧民族真实的传统生活写照。蒙古族早期的手工业是简单的自给自足型家庭产业，主要以肉奶食加工、制革、擀毡、服饰制作、生产工具制作等为主。随着经济贸易的发展，内蒙古地区渐渐出现了加工作坊，将家庭式手工技艺延展到人口相对密集的村落或城镇，形成了最初的加工业。据《绥远通志稿》记载："本省历来较可述之工业，则以制革、毛织二业为最。"内蒙古地区的工业发展在各历史时期主要是以皮毛加工业为主。

清代发展起来的作坊式擀毡制毡加工业，到民国时期有了长足的发展。纵观民国时期绥远地区的擀毡业发展，皮革加工业与毛毡加工业是当时最重要的两大产业。在各地区都有多家擀毡加工作坊，而且销售毡子及毡制品的商铺也很多。当时的绥远地区各地毡坊概况如下所示：

1. 归绥市[②]：有10余家，大型的有天元城、晋丰永、天和公、德盛成，年产400余方丈，每方尺0.12—0.15元。
2. 包头县[③]：有13家，主要生产毛毡，年产300余方丈，

② 现为呼和浩特市。

③ 现为包头市。

每方尺0.12—0.15元。

毡帽3万余顶，每顶价格0.14—0.15元。

毡鞋1万余双，每双价格0.6—0.7元。

3. 丰镇县①：有20余家，产品有白毡、黑毡5000方丈，每方尺0.12—0.13元。

毡帽2万顶，每顶价格0.3—0.4元。

毡鞋3万双，每双价格0.8—1.0元。

4. 五原县：有15家，产品有毛毯5万方尺，每方尺0.14元。

毡帽每顶0.3—0.4元。

毡靴（高筒）成人的2.0元，儿童的0.5元；

毡靴（低筒）成人的1.0元，儿童的0.4元。

5. 萨拉齐县：有4家，产品有白毡、黑毡，每方尺0.15元。

② 现为集片区。

6. 集宁县②：有4—5家，产品有毡帽、毡鞋、毛毡等。

7. 兴和县：有数家，毡帽年产1500顶，每顶价格0.2元。

8. 托克托县：有4家，产品有毛毡、毡帽、毡鞋、毡袜。

毛毡1000余方丈，每方丈0.2元。

毡帽8000余顶，每顶0.5元。

毡鞋2000余双，每双1.0元。

③ 以上统计见绥远通志馆编：《绥远通志稿》（卷十九），内蒙古人民出版社2007年版，第19、33、40、48、52、59、60页。

毡袜800余双，每双 0.4—0.5元。③

　　如果以1949年前后为分水岭研究内蒙古地区商品贸易往来，关于毛毡及毡制品的相关信息记载较多。内蒙古地区生产的毡子、毡制品销往外地，或毡子及毡制品作为贸易商品从其他省份转到内蒙古地区，都说明了毡子及毡制品在民族地区的贸易中发挥了较大作用。

　　内蒙古地区与中原地区的贸易往来形成于早期的"茶马互

市"交易时期。13世纪，蒙古帝国时期成吉思汗为蒙古地区的发展，曾遣蒙古商队前往中原地区及中亚地区，为后期亚欧大陆各族群互通有无的商贸往来开启了先河之旅，也为横跨亚欧大陆的丝绸之路的发展奠定了一定的基础。但因各种历史因素，蒙古族商贸行业并没有得到进一步的发展，到了明清时期依然停留在范围小、管理严、货物少的边贸互市模式上。虽然到了清朝时期，有很多中原商贾得到官方许可在蒙古地区开商铺，销售各种生活用品，但并没有能够带动蒙古族大规模商贾行列的形成。蒙古族商贸行业发展成为具有一定规模的商贸形式，是在清康熙、乾隆之后。蒙古地区出现大批旅蒙商是当地商贸发展的重要标志之一。

据《内蒙古自治区·商业志》记载，清代蒙古地区最负盛名的商业城市多伦①生产的少数民族必需品中包括毡帽等毡制品，在当时驰名在外。据《多伦记事》中记载"1934年经棚②向多伦输出的货物，有羊毛31250斤"③之多，多伦存在着擀毡制毡加工作坊及制作毡帽手工业。在清代商贸盛行的时期，多伦的手工业生产得到了前所未有的发展，其中生产少数民族用品如毡靴、毡帽等手工作坊发展迅速。清代乾隆年间，在海拉尔地区奉旨经商的聚长城、隆大、鼎盛恒等"八大家"商号也是蒙古地区商贸发展的主要推手之一。各商号在海拉尔地区运销的主要商品中就有从多伦购进的毡子、马靴等民族用品。此信息再一次印证了多伦在当时存在毡加工业。从经棚等地购进羊毛，再往海拉尔等地区销售毡子、毡帽、毡靴等，清晰地展现了清朝时期的多伦毛毡作业发展状况。

据刘驹宾的《多伦淖尔商埠开辟之调查》记载："民国二年（1913）多伦输出的手工业产品，即有绒毡4624块、毛毡4728块、毡帽26004顶、毡鞋3026双……"④这充分说明了多伦在当时是内

① 今锡林郭勒盟蓝旗多伦镇。
② 今赤峰市克什克腾旗经棚镇。
③ 内蒙古自治区地方志编纂委员会：《内蒙古自治区·商业志》，内蒙古人民出版社1998年版，第39页。

④ 内蒙古自治区地方志编纂委员会：《内蒙古自治区·商业志》，内蒙古人民出版社1998年版，第248页。

蒙古地区主要生产加工毡子及毡制品的重要工业、商贸中心。

抗日战争时期，多伦的手工业发展受到阻碍，许多商铺也被洗劫一空。直到抗日战争胜利后，多伦在中国共产党的领导下逐渐恢复了商贸活动，一些战时被关闭的如皮毛、皮革、制毡等加工生产厂得到了恢复。

1949年以后，国家为扶持牧民增收，在张家口、多伦等地带料加工民族用品，主要加工销售包括蒙古包用毡、铺地毡、毡袜、毡疙瘩（毡靴的方言叫法）等毡制品，以满足周边牧民的生活所需。据统计，1953年至1978年锡林郭勒地区国有企业为了丰富牧民的物质生活，从多地购进蒙古靴、毡靴、马用具等传统民族商品来扩充当地稀缺的商品物资，满足牧民的生活需求。

据《内蒙古自治区·商业志》记载，内蒙古通辽地区在民国三年（1914）设镇，各大商铺旅蒙商进驻通辽镇建商铺，大兴商贸活动。到了民国八年（1919），镇上住户与商铺林立，已经相当繁华。据记载："当时已有杂货铺50余家，粮栈30余家，旅店25家，以及当铺、粉坊、油坊、染坊、毡子铺等十多个行业。"[①]1949年以后，通辽地区供应的民用特需商品中主要有蒙古袍、蒙古马靴、礼帽、绸缎、食糖等，却已看不到毡子及毡制品的供应。通辽地区是内蒙古最早接触农耕文化的区域之一，该地主要是以务农为主、畜牧为辅的经济模式。该地的居住方式与生产方式主要体现为农耕经济特色，擀毡技艺及毡制品使用在包括通辽在内的内蒙古东部地区渐渐趋于衰落，成为凋零产业。内蒙古农业地区擀毡技艺相对于牧区失传得要更早一些。

据《呼伦贝尔盟志》记载，随着牧民生产生活品需求量的增加，清末时期一批内地手工业者陆续来到呼伦贝尔地区从事擀毡、制革等游走性手工业。直到民国时期，呼伦贝尔地区的毡业主要呈现出牧民家庭式擀毡技艺与毡匠走户型擀毡技艺并存的情

① 内蒙古自治区地方志编纂委员会：《内蒙古自治区·商业志》，内蒙古人民出版社1998年版，第242页。

况。1940年前后，呼伦贝尔地区有200多个流动作业的擀毡匠人在寺庙及牧区等地进行擀毡作业，以此换取牧民牲畜皮毛等自产物品。后期，在呼伦贝尔地区陈巴尔虎旗等四个牧区的部分苏木、镇子上有皮革、毛毡加工业，其他地区此类加工业并不发达。1949年海拉尔市①有15户制毡作坊，满洲里市有14户制毡作坊，年生产两万双毡靴。1956年，实施手工业合作化后，建立了27个皮毛合作社，主要组织生产毡靴、毡底布鞋及各类毡制品。1979年，呼伦贝尔牧区有6家加工企业，主要生产牧区特需的车马辕具及各类毡制品。到了1989年发展成为64家加工企业，因为社会需求的改变，生产规模及产品种类也发生了较大改变，除了传统牧业器具、毛毡制品，还增加了许多高档皮革制品的加工。根据"1946年—1989年呼盟主要工业产品产量表"统计，1946年至1981年毛毡产品产量相关数据统计处于空白状态，这说明在1981年之前，官方有可能对毡加工产量并不是很重视，致使此期间其他产品都有具体统计，而出现毡品产量统计较少的状况。同时也说明在呼伦贝尔地区，毛毡产品加工依然属于家庭手工业，牧民用毡需求更多的是依靠自产自销的方式得到满足，因此官方并没有对毡产量进行集中统计，但在地方工业产品相关信息资料中依然可以查到关于毛毡及毡制品产量的信息。如《呼伦贝尔盟志》记载："1965年生产毡疙瘩51900双、毛毡1679平方米。"②到了1989年呼伦贝尔盟少数民族特需用品厂生产毡靴1.1万双、毡制品115吨。1986年海拉尔市制鞋厂"贝伦"牌毡底布鞋被评为"自治区优质产品"。③

　　内蒙古各盟市在历史时期发展擀毡业及毡制品销售业，促进了地区工商贸易的发展，为民间传统技艺提供了更大的发展空间。毡加工作坊从城镇到各旗县不断涌现出来，加上基层牧户家庭式擀毡技艺的传承，极大地满足了百姓的用毡需求，而且随着

① 现为海拉尔区，以下同。

② 呼伦贝尔盟史志编纂委员会：《呼伦贝尔盟志》，内蒙古文化出版社1999年版，第1249页。

③ 呼伦贝尔盟史志编纂委员会：《呼伦贝尔盟志》，内蒙古文化出版社1999年版，第1242页。

手艺人渐渐集中在城镇，更加促进了城镇手工制造业的发展，擀毡、制作毡制品技艺越来越趋于专业化、细致化、多样化。如1919年，呼和浩特共有50多家毡毯作坊，主要制作的产品包括毛毡、毡帽、毡靴等毡制品。其中，小南街天元城、西顺城街天和公、福聚成等作坊主要生产毛毡；而永和成、公合成、裕盛丰、通顺街兴盛魁、小召夹道巷义盛昌、兴隆巷天盛恒、小西街复盛兴等作坊主要制作毡帽、毡靴等民用品。这些加工作坊制作的毡帽，有销往新疆的大毡帽与在晋冀等地销售的小毡帽之分。其中永和成、公合成、裕盛丰等作坊制作的大毡帽销往新疆等地区，而通顺街兴盛魁、小召夹道巷义盛昌、兴隆巷天盛恒、小西街复盛兴等作坊主要生产小毡帽在省内或周边销售。呼和浩特毡制品加工作坊根据不同地区民众的需求生产不同类别的毡制品，不仅体现了中华民族文化的多元性，也体现了各民族在历史长河中互通有无的交流交融。

## 四、传统擀毡技艺及毛毡制品的局限性

在社会经济发展的过程中，一些民间传承的传统技艺受到了前所未有的冲击。机械化、智能化的工艺渐渐取代了民间手工技艺，濒临失传、已失传、传承断裂成为许多民间传统技艺目前发展所遇到的共同难题。

擀毡技艺是传统游牧民族生产生活模式的产物，是蒙古族先民适应自给自足经济形态的产物。严寒酷暑的自然气候与赖以生存的游牧生活，是包括擀毡技艺在内的许多家庭式手工技艺得以传承延续的根基。一旦这些家庭式手工技艺失去其赖以生存的原生态环境，将面临的是失去传承性。从二十世纪八九十年代开始，中国社会的经济有了长足发展，无论是城镇还是乡村，人们的生活方式发生了巨大变化，传统的生产方式、习俗惯制、手工

技艺，甚至思想观念都发生了很大变化。擀毡技艺也因人们用毡子及毡制品的情况越来越少，走向了濒临失传的境地。传统畜牧经济方式的变迁，使逐水草而居的游牧民族的生产生活方式也发生了巨大变化。砖瓦屋舍、高楼大厦取代了毡帐，弹簧床垫取代了土炕，轻巧防寒的装束取代了厚重保暖的毡服饰，暖棚、禁牧改变了传统放牧模式，这些改变使毡子渐渐失去了诸多用途。毡子的使用量减少，擀毡技艺自然渐渐失去了其以往的优势，走街串户擀毡匠们的营生也就渐渐变少了。

在物资稀缺、经济相对不发达，人们的需求以经济耐用为标准的时期，毡子是最经济实惠的生活需求品，一块毡子一用就是几代人。但在崇尚精致时尚的现代，传统的擀毡技艺与质朴的毡制品，渐渐失去了往昔的色彩。于是，擀毡技艺成为被边缘化的民间技艺，成为传统的文化记忆。毡制品厚重、结实、耐用、保暖、防潮等曾经被人们赞许的一些优点，却已经不再被现代人所热衷。但不甘于毡制品被淘汰境况的人们，再一次将毡制品拉回现实生活中，不断推陈出新，呈现出时尚的毡制品，如毡画、毡饰物、毡手提包等，渐渐出现在人们的生活中。

## 第三节　蒙古族传统毛毡制品的类别

蒙古族在漫长的游牧生活中凝结智慧与经验，发明创造了许多工艺技能及实用而精美的器物。蒙古族先民在制作生产生活用品时多采用身边生活中的原材料，如木材、牲畜皮毛等物，多以家庭手工技艺加工成生产生活用品。这些手工制作而成的物品，主要用来满足自身消费及家庭生产生活需要，只有很少一部分物品用于买卖交易，以此换取游牧经济中所不能生产却在日常生活中必不可少的生活资料，如茶叶、布匹、粮食、盐等物品，这些多数通过交易获得。

世代相传的擀毡技艺，为蒙古族的生产生活提供了诸多便利。擀制出的成品毡可以满足牧民生产劳作或日常生活中的各类需求。蒙古族根据生产生活的不同用途与需求，将成品毡细加工制作成其他毡制用品，进一步完善了传统擀毡技艺。许多能工巧匠用毡子制作出更多的生产生活用品，甚至是毡制艺术品。成品毡的再加工技艺完全展现了手工匠人们的精湛技艺，成为传统擀毡技艺不可分割的重要组成部分。

毛毡制作的物品有的用于畜牧经济生产，有的用来满足日常生活所需。除此以外，蒙古族先民也会用毛毡制作毡偶人供奉在家中或蒙古包外的固定场所。毡偶人是早期蒙古族信仰的萨满教的祭拜神灵。

蒙古族世代传承着擀毡与毡制品制作技艺，在日常生活中使用毡制品也较为普遍。蒙古族使用的毡制品大致可分为生产生活用具、信仰用品及毡制艺术品等。

五畜毛絮是制作毡制品的主要原材料，对于不同畜种的绒毛，蒙古族有着不同的叫法，如羊毛、山羊绒、马鬃、驼绒、驼毛、驼鬃等，这些都是蒙古族先民在生产中根据畜毛的软硬程度、长短的不同而使用的不同名称。用五畜毛絮制作的用品，在蒙古族生产生活中是常见之物。

毡制品在蒙古族生产生活中发挥了重要作用。从接羔袋、毡囊到蒙古包围毡、毡帽、毡袍、毡靴、毡袜等等，毡制品的用途相当广泛。

## 一、毡制生产生活用具

蒙古族根据不同用途，选择不同质地的毡子制作生产用具。用毡子制作的用具主要有接羔袋、毡雨披、毡囊、羔畜毡、拴羔

绳、马鞍底毡、驼鞍、马驹笼套、马绊等用具。下面介绍其中的
几种：

　　接羔袋（图2-1），指运输在野外草场上出生的羔羊所用的
毡袋，是蒙古族游牧生产中产生的具有悠久历史的毡制品。接羔
袋主要为预防生在草场上的小羊羔冻着生病而缝制的毡袋。接羔
袋形状为长方形，四角绣有吉祥纹样。

　　毡雨披（图2-2），指用毛毡缝制而成的用于挡风避雨的
披风。

　　毡囊（图2-3），指毡制的装东西的袋子。

图 2-1　接羔袋

图 2-2　传统毡雨披

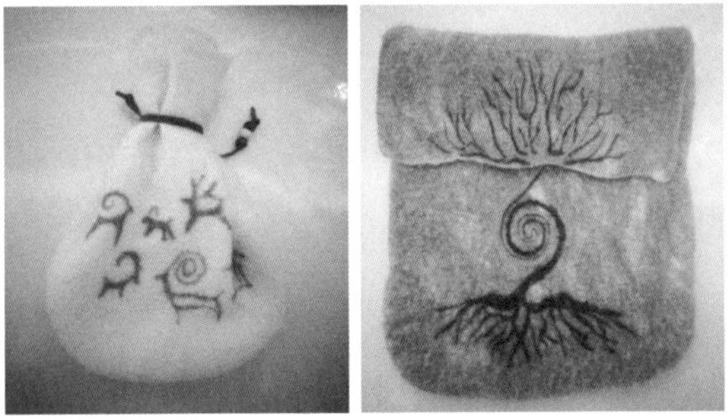

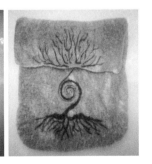

图 2-3　毡囊

图 2-4　儿童马鞍

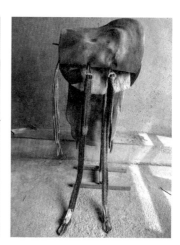

图2-5 驼鞍

儿童马鞍（图2-4），指儿童第一次骑马时用的毡制鞍子。蒙古族传统习俗中有为幼儿举行"鞍马仪式"的习俗，即在幼儿3—5岁时举行的骑马仪式。举行该仪式时家人要为孩子准备新毡制作的小马鞍，预示孩子将来成长为勤劳勇敢之人。

驼鞍（图2-5），指骑骆驼时放置在驼峰间的毡制铺垫物，由毡鞍、毡铺、鬃索、镫子等组成。驼鞍一般用毡子制作，主要防止硌伤驼峰，因此不用皮革制作。

蒙古族除了用软硬、厚度不同的毡子制作生产用具，还时常利用五畜鬃毛、绒毛等编制绳索（图2-6），用于各种用途，如固定蒙古包围毡的带子、绳索，拴牲畜的绳索，固定马鞍、驼鞍的绳索、钉带等。可以说蒙古族对牲畜毛鬃的利用率极高。

马鬃或驼鬃相对羊的毛绒质地较粗硬，因此制作绳索、牲畜笼套、马绊等用具都用其编制。用鬃毛编制的绳索也是蒙古族传统手工技能的体现。用鬃毛编制的绳索形状美观、结实耐用，体现出了牧民手工技艺的精湛。

衣食住行是人类生存的基本需求。每一个民族因所处自然环境与自身发展状况的不同，在漫长的发展过程中形成了在内容与

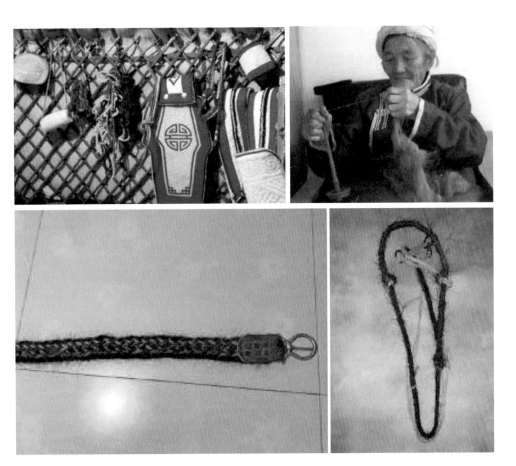

图 2-6　毛制绳索

形式上各具特色的生活模式与民族传统文化。

　　毡帐是我国北方诸多游牧民族的传统居所。"毡帐"，顾名思义是以毡子为围的帐子。由毡帐演变而来的蒙古包以其拆建简易、携带便利的特点成为"逐水草而迁徙"的蒙古族在漫长的历史时期赖以生存的传统居所。蒙古包以木、毡、马鬃、驼鬃为原材料，由木架、围毡、绳索三部分组成。蒙古包的围毡部分分别由不同形状的毡子做成。蒙古族正是因毡子所具有的保暖、不透风、不漏雨的特性对毡子情有独钟。

　　牧民将成品毡按照蒙古包的不同结构裁剪出不同的形状，并用不同颜色的羊毛装饰成不同的纹饰图案，覆盖在蒙古包的木质结构上，既保暖又美观。蒙古包围毡不仅仅是保暖防潮的必备品，洁白的围毡也是牧户生活状况的直接写照。

蒙古族祖祖辈辈逐水草而居的生活模式使车舆成为出行、迁徙必备的交通运输工具。

毡车是以毛毡为篷的车子，是北方诸游牧民族主要的驾舆。辽墓石棺画《契丹住地生活小景》中的两轮毡车真实地描绘了契丹牧民游牧迁徙的生活场景。古时毡车（图2-7）不仅是老百姓日常出行的交通工具，战时也当作战车使用。《契丹国志·太祖大圣皇帝》中记载："太祖乘势进围幽州，扬言有众百万，毡车毳幕弥漫山泽。"[①]这里描述了契丹将士用毡车围困幽州的战况。

蒙古族在生活方面使用毛毡及毡制品远远多于生产方面。蒙古族自古居住在冬季寒冷、夏季酷热的严酷的自然环境中，因此耐磨、防寒性极佳的毡制服饰及用品便得到了包括蒙古族在内的许多游牧民族的喜爱。《后汉书》中北方游牧民族鲜卑族"以毛毳为衣"的记载，赤峰翁牛特辽墓出土的男尸头戴毡冠，克什克

① 冯继钦、孟古托力、黄凤岐：《契丹族文化史》，黑龙江人民出版社 1994 年版，第 122 页。

图 2-7　古代毡车示意图

腾旗发掘的契丹古墓《契丹住地生活小景》图中脚蹬黑毡靴的契丹人，以及《备马图》中穿白毡靴的契丹奴仆形象等，都传神地刻画出了北方游牧民族适应自然环境的生活景象。

　　蒙古族日常生活中常见的毡制服饰主要有毡帽、毡袍、毡披风、毡靴、毡袜等。

　　毡帽（图2-8），指用毡子缝制的帽子，冬季戴毡帽能够抵御寒冷。因蒙古族各部落在服饰的款式与色彩方面有明显的地域差异，因此毡帽种类繁多。

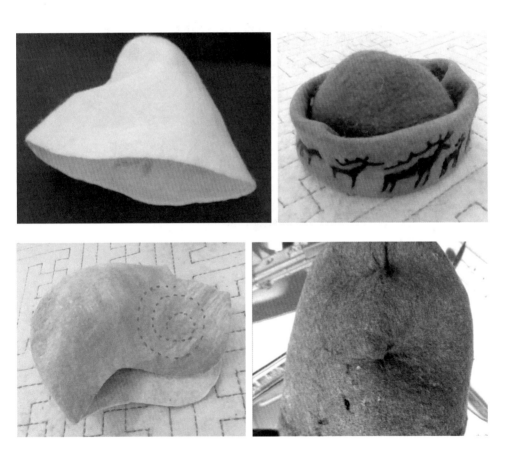

图2-8　毡帽

毡袍（图2-9），指用毡子做原材料裁剪缝制的蒙古袍形长袍。毡子比起布料、绸缎难以裁剪，但毡袍相对于其他材质的蒙古袍要简洁些，但长度不宜过长。毡袍自古以来是北方游牧民族冬季御寒的主要服饰之一。

毡靴（图2-10），指根据需要用薄厚不同的毡子裁制的靴子。牧民冬季在野外作业时为防寒而准备毡靴，一些地区称毡靴

图2-9　毡袍

为"毡疙瘩"。毡靴与布靴或皮革靴子相比，在缝制样式上是有差别的，毡靴的靴底、靴勒、靴帮自成一体，是用整毡缝制而成的。靴底的毡子要加厚一些，从靴勒到靴帮，使用的毡子渐渐变薄。靴底毡子厚是为防止地面潮湿或雪天湿了脚，而靴勒、靴帮毡子较薄是为了便于行走。有些牧区出于轻便和保暖的需要，也会在冬季给日常居家的老人或小孩穿薄毡裁制的靴子。毡靴在颜色方面有白毡靴与黑毡靴之分，但黑色的毡子较少，人们穿白毡

缝制的毡靴较常见。还有一种童毡靴（图2-11），通体用薄毡做成。这样的童毡靴穿起来轻便，不会硌着孩子的脚。

毡袜（图2-12），指毛毡制的袜子。毡袜具有良好的保暖性，可以帮人们抵御严寒，保护脚部。

羊绒毛或驼绒毛制作的服饰手感柔软，保暖性强，穿着时轻

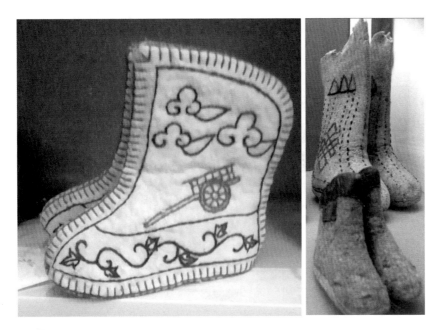

图 2-10 毡靴

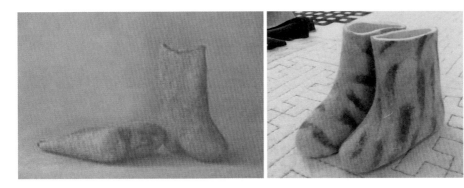

图 2-11 童毡靴

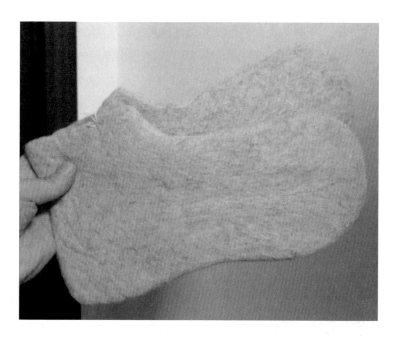

图 2-12　毡袜

便，因此是当代蒙古族最为喜好的服饰用品。

随着经济社会的不断发展，擀毡技艺及服装加工工艺不断改进，近些年在蒙古族生活用品方面出现了许多新类型、新质地、新样式的毛毡生活用品，如除了羊毛蒙古袍、羊绒蒙古袍、薄尼蒙古服装等新设计款式的服饰，还有毡绣、毡制提包、毡制车垫、桌椅垫、毡笔袋、毡钱包等毡子制作的日常生活物品，这些也成为当代蒙古族的生活用品（图2-13）。

## 二、毡制信仰用品

蒙古族先民有信仰宗教的习俗，从信仰天地日月星辰的自然信仰，到信仰萨满教、佛教，都体现出蒙古族先民崇尚"信仰自由"的观念。《多桑蒙古史》记载鞑靼人"以木或毡制偶像，其

毡提包

毡床垫

毡杯垫

毡杯垫

毡杯垫

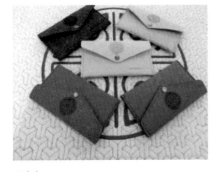
毡钱包

毡钱包

毡包

毡包

图 2-13　多样的毡制生活用品

①［瑞典］多桑：《多桑蒙古史》，冯承钧译，上海书店出版社2003年版，第29页。

名曰ongon（即翁衮），悬于帐壁，对之礼拜，食时先以食献，以肉或乳抹其口"①。毡制"翁衮"是古时蒙古族信仰的萨满神灵的像。远古时期，蒙古族先民信仰萨满教时，有用毡子制作"翁衮"人偶并进行祭祀的古老习俗。据记载，古时蒙古族供奉毡人偶，将其称之为主人的"兄长"，并会制作类似的女性毡人偶，称之为"兄长"的配偶，一日三餐地加以膜拜。

居住在内蒙古锡林郭勒盟镶黄旗的巴尔虎蒙古族家庭至今承袭着祭祀"翁衮"的习俗。巴尔虎蒙古族将留有逝去祖先或先人最后一丝气息的毛絮或哈达收入毡袋中，放置在蒙古包西北供桌或者居所的西北墙头进行祭拜。蒙古包的西北方位自古是蒙古族供奉神灵的位置。

### 三、毡制艺术品

毡子在满足蒙古族诸多生产生活需求的同时，也被制作加工成各种毡艺术品，成为蒙古族艺术文化的瑰宝。

制作毡制艺术品的毡子一般较薄较软，是为了便于在毡子上作画或刺绣、缝制各类图案纹样。毡类画的画法主要包括烫、烙、绣、缝等工艺。

除了用毡子作画，也可用质地较柔软的毡子制作出形状各异的装饰品、摆设品。

蒙古族烫毡画（图2-14）采用的是传统工艺擀制的毡子，通过手工加工烫烙而成的毡画。一般选取白色羊毛压制成毡子，用烙铁在毡子上面烫出焦黄色或咖啡色图案。历史文献记载，此类画法自古有之，古代称"火针刺绣"或"烫画"，源自西汉末，盛行于东汉，在民间广为流传。烫毡画内容多以草原风光、民族风情为主，体现了蒙古族的生活与审美情趣。烫毡画与其他毡制生产生活用品一样，因其具有不怕挤压、携带便利、不

图 2-14　烫毡画

褪色、不掉毛等特性而深受蒙古族大众的喜爱。

　　传统毡制艺术品多是匠人手工制品。以精美纹饰图案装饰的蒙古包围毡不仅是一种生活用品，同时也是一种艺术品。

　　随着社会的发展、科技的进步，越来越多的毡制工艺品成为装饰品、展览品出现在各类场所，点缀着蒙古族人民的生活。

　　蒙古族游艺用品中也不乏毡制品，如蒙古族象棋棋盘、蒙古族象棋袋、毡制针线盒、毡制容器等，均是成品毡再加工制作的用品。蒙古族根据自身需求将成品毡制作成各类毡制品，并将此技艺世代相传至今。这也是今天蒙古族能够将传统擀毡技艺、毡制品制作技艺拓宽到更加广阔领域，发展了毡绣（图2-15）、毡画（图2-16）、毡手工艺品等，使传统擀毡技艺得以延续的重要缘由。

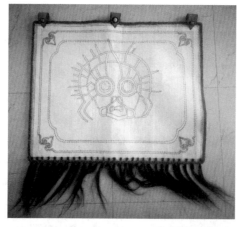

图 2-15　毡绣

图 2-16　毡画

## 四、传统毡子的特殊用途

擀毡技艺最初是牧民家庭手工作业，基本上是家家能够从事的手工技能。蒙古族与周边民族进行商品互惠贸易时，很少有毡子及毡制品相关的交易。毡子只是作为牧民自家生产生活的必备品，供给于自给自足的经济模式中。毡子与毡制品很少进行互市贸易，尤其是与中原地区的贸易往来，一个主要的原因是中原民族很少使用毡子。毡子是适应北方游牧民族或居住在北方相对寒冷地区的人们生活习性产生的产品。

毡子除了满足牧民的生活所需，还可以作为民族内部及官方与百姓间的租税交易品，呈现其交易功能，即毡子有时会成为北方少数民族与地方税收相关机构间的租税体现形式。因此，用毡的需求量有所增加也是必然的。在新中国成立前，毡子在某些地区可以用来充当牧区租税上交的物品。据《苏尼特右旗志》记载，年底交税时分两种。一种是寺庙收租，标准为："一母畜一仔畜，一百只羊收取2块2—4.2米的新毡。"一种是官方、牧主收租，标准为："每50只羊收取2块2—4.2米的新毡，一母畜一仔畜。"①

　　牧民在畜牧劳作中也经常使用毡子。据明朝出使蒙古地区的萧大亨在《北虏风俗》中记载："羊有一年再产者。然秋羔多，有倒损之患，故牧羊者，每于春夏时以毡片裹羝羊之腹，防其与牝羊交接也。"②

①《苏尼特右旗志》编纂委员会编：《苏尼特右旗志》，内蒙古文化出版社2002年版，第125页。

②〔明〕肖大亨：《北虏风俗》，呼和温都尔、阿莎拉图校译，内蒙古文化出版社2001年版，第114页。

传统擀毡技艺在具体工艺流程上虽无历史文献的详细记载，但在历朝历代民众生产生活中出现的关于毡子及毡制品的相关史书记载，却呈现出一幅幅栩栩如生的擀毡技艺图像。

"擀毡"，是指将牛羊或驼等的畜毛通过一定的工序加工擀制成毡子的技艺。蒙古族先民在漫长的历史进程中发明、发展和完善了毛毡品制作技艺。擀毡制毡技艺流程繁杂、工序多样，是游牧民族传统技艺发展史的重要组成部分。

## 第一节 擀毡前的准备工作

毛毡成品质量的关键在于擀毡人的擀毡技艺。伴随着我国北方游牧民族生产生活而产生的擀毡技艺在流程上有多道工序，且每道工序间紧密相连、连贯有序，每道工序都是一项繁杂的劳作。擀毡的每一道工序都会直接影响毡子的质量。蒙古族牧民根据生产生活的不同需求，擀制毛毡时会采取相应的工序，配备不同的材料，擀制薄厚、大小不同的成毡。

擀毡时，前期准备工作是不可或缺的关键性工序。在选择擀制毡子的节气、选择擀毡地点、准备畜绒毛、邀请邻里或擀毡匠人、准备擀毡工具、配备拉毡马匹或骆驼等方面都具有一定的程序。在蒙古族的游牧生产生活中，擀毡既是集体性劳作，同时也是一种集体性娱乐活动。擀毡主人家盛情款待参与擀毡劳作的人们，也是擀毡整个工序中重要的环节。

擀毡工序一般包括剪毛、弹毛、絮毛（铺毛）、浇毡、捆毡、拉毡、整毡形、晒毡等步骤。一般毡匠展演或地方擀毡技艺申报非物质文化遗产项目认为传统擀毡技艺由13道工序组成，即弹毛、铺毛、喷水、喷油、撒豆面、再次铺毛、卷毡连、捆毡连、擀毡、压毡边、洗毡、整形、晒毡。

### 一、擀毡节气与剪羊毛劳作

蒙古族生活的地域因为气候及传统习惯的不同，一般一年进行一次或者两次剪羊毛劳作，即春季末和夏末秋初分别进行一次剪羊毛劳作。选此季节进行剪羊毛劳作主要是因为这样的季节有利于牲畜保暖，因为过早或过晚剪羊毛都不利于羊群保暖。因此，春末或夏末秋初风和日丽的日子是牧民剪羊毛的最佳时间。牧民会邀请邻里帮忙剪羊毛，多选择离水源较近的平坦草坪作为擀毡场所。

擀毡选择近水源处，主要是因为擀毡过程中需要浇水打湿絮好的羊毛，并且擀好毡子后进行浇毡固定毡子的形状等工序需要大量的水。因此，村落附近水流周边的平坦草场是牧民剪羊毛、擀毡子的最佳场所。随着社会的变迁，现如今许多地区剪羊毛、擀毡子时不再进行繁杂的选场地过程，而是选择在自家储存羊毛的仓房附近或者在自家羊圈、家门前的开阔地带进行剪羊毛劳作。

擀毡首先需要准备大量的畜毛。剪毛是为擀毡准备原材料的步骤。蒙古族在擀毡时主要用羊毛，因此剪羊毛成为蒙古族一项传统的集体劳作。牧民根据自家羊群头数、剪毛量的情况，邀请邻里帮忙剪羊毛。剪羊毛是邻里间互助的体现。剪羊毛的场景充满了欢声笑语。

世代以牧养五畜为生的蒙古族，视羊为吉祥之物，认为羊是"礼俗上品"，因此在过去蒙古族剪羊毛的时候会向神灵或敖包祭献鲜奶进行一定的祭祀仪式。

剪羊毛当日，村落邻里聚在河流、小溪或井泉周边宽敞草坪上，祭祀敖包祈福后，在欢声笑语中开始进行剪羊毛劳作。

## 二、擀毡材料的准备

畜牧经济是游牧民族主要的经济模式。五畜的肉奶、皮毛是游牧民族赖以生存的物质基础。宋朝诗人苏辙出使辽国后赋诗："虏帐冬住沙陀中，索羊织苇称行宫。从官星散依冢皂，毡庐窟室欺霜风。"[1]这首诗道尽了北方游牧民族的生活特征，诗中的"索羊织苇"印证了游牧民族先祖剪羊毛擀毡子的景象。

擀毡的最主要原料是牛、羊、驼绒毛。牧民擀制毛毡时多用羊毛，因此配备羊毛是擀毡作业的关键所在。传统擀毡技艺多用纯羊毛来擀制毡子。牧民擀毡前先将修剪存放好的羊毛分为长毛、短毛及羔绒毛，以备擀毡时根据不同需求进行选择。羊畜的长毛是指春季剪下来的羊毛，此类羊毛是羊畜越冬保暖的羊毛，因此较长且绒性较大，故称之为"长毛"。羊畜的短毛是指秋季剪下的羊绒毛。羔绒毛则是指夏季从羊羔身上剪下的绒毛。羊一般在二三月份产羔仔，到了夏季正是羔羊退绒毛的时节，牧民往往在此时剪下羔羊绒毛，以备擀毡时或者制作柔软毡制品时用。

牧民不仅根据羊毛的长短对其进行分类，也将不同颜色的羊毛分类储存。蒙古族自古崇尚白色，因此对洁白的毡子情有独钟，擀毡时以纯白色羊毛为主，将黑色或棕色羊毛主要用在毡子或者毡制品的纹饰图案上，与白色毡子形成鲜明的对比。毡子的

[1]［宋］苏辙：《栾城集》，曾枣庄、马德富校点，上海古籍出版社2009年版，第399页。

图案不仅是为了增加美观，也起到区分毡头毡尾的作用。

擀毡时在准备大量羊毛的同时，牧民还要准备一些擀毡用的工具，比如弹羊毛时用的细木棍（图3-1）、柳条或者弹弓（图3-2），卷毡的母毡（一些地区用帘子或芨芨草席），以及皮或鬃毛绳索、水桶等用品，还要准备马匹或骆驼用于拉毡。

弹羊毛的细木棍一般约长1.5米，是一种柄部稍粗且向前端逐渐变细的光溜木棍。有些民族在擀毡的时候用专门的弹弓进行弹毛，蒙古族传统擀毡技艺是用细木棍或柳条进行弹毛。

图 3-1　弹毛棍

图 3-2　弹毛弓

图 3-3　母毡

母毡（图3-3）是铺展弹好的羊毛用的底衬毡，一般采用往年质量好的旧毡做母毡。蒙古族擀毡时用母毡卷新毡固定，这和很多民族的卷毡方法是有差别的。有些民族用芨芨草席或帘子卷毡。

皮或鬃毛绳索是用来捆毡定型的。用绳索捆好卷起的新毡子是为防止在人力或畜力擀毡、拉毡时毡子变松垮散了架。

擀毡技艺工序繁杂，缺一样或者一道工序都会影响毡子的质量。

## 三、擀毡匠人

元朝时蒙古族统治者因族内缺少工艺精湛的匠人而对匠人极其重视。据史料记载，蒙古族统治者对战争中俘获的异族匠人采取管制制度，将其编入工匠户中进行管理。这些在战争中被俘获的匠人，随着蒙古帝国以及元朝的建立，源源不断地从华北、中原等地迁入蒙古草原，成为统治者所需的手工劳作的重要劳动力。关于早期蒙古地区工匠的相关信息，13世纪游历蒙古地区的欧洲传教士普兰诺·加宾尼在其《蒙古游记》中记载道："鞑靼人把所有最好的工匠挑选出来，并使用他们来为自己服务，而其余的工匠则献出他们的产品，作为贡品。"[1]元朝建立之后，对管辖的工匠实施了严密的管理制度，如对工匠实施"以籍为定，世承其业，其子女使男习工事，女习黹业，婚嫁皆由政府控制"[2]的严格管理制度。当时元朝政府设立的诸司局人匠总管府对毡技艺相关的匠人采取统筹管理制度。据元代文献资料记载，当时的毡匠户具体数目为"大都毡局管人匠125户，大都染局管人匠6003户；上都毡局管人匠97户；隆兴毡局管人匠100户"[3]。

传统蒙古族擀毡技艺多为民间家庭劳作，在游牧生活中属于

[1] 周良霄、顾菊英：《元代史》，上海人民出版社1993年版，第550页。

[2] 周良霄、顾菊英：《元代史》，上海人民出版社1993年版，第551页。

[3] 周良霄、顾菊英：《元代史》，上海人民出版社1993年版，第552页。

人人能够掌握的技艺，但随着牧民对毛毡以及毡制品品质需求的不断提升，在集体擀毡劳作中，部分人的擀毡技术得到了集体的认同，逐渐成为邻里擀毡时必然邀请的"擀毡能手"。擀毡各道工序中都出现了能者，甚至部分人成为熟练掌握擀毡各道工序技巧的"擀毡匠人"，其擀制的毡子既结实又美观、耐用。

随着蒙古族传统生产生活方式的变迁，毡子及毡制品在蒙古族生产生活中逐渐减少甚至趋于消失，由此传统的擀毡技艺也逐渐面临失传的境地。擀毡技艺虽然不再是牧民人人懂得的手工技艺，但牧民的一些毡制艺术品制作技艺却得到了发展与提升。现如今在牧区已看不到牧民大规模、集体性的擀毡劳作，取而代之的是工厂制毡作业。工厂加工的毡子只有一小部分是满足牧民自身的需求，更多的毡加工业主要是满足旅游业、毡制艺术品加工业的用毡需求。牧民购置社会生产化的毡类用品或毡制艺术品，进一步加剧了传统擀毡技艺失传的风险。

## 第二节　传统手工擀毡过程

蒙古族在擀毡前期准备工作就绪后，便选择靠近水源或溪流的平坦草地进行擀毡劳作。擀毡劳作一般只需一天就能够擀制出新毡。传统的手工擀毡流程主要包括弹羊毛、絮毛、浇毡、卷毡、拉毡（擀毡）、整毡形等工序，还包括擀毡过程中进行的请茶、赞毡、毡宴等与擀毡技艺相关的民间习俗。

### 一、弹羊毛

擀毡的第一道工序是将修剪好、除去杂质、分类储存的纯白羊毛用事先备好的细木棍抽打进行弹毛。弹羊毛需要一定的工具辅助。

图 3-4　弹毛

弹毛（图3-4）是指先在平坦的草坪上铺上畜皮，将准备好的羊毛铺在上面用弹毛木棍弹松的过程，经过弹毛工序后羊毛变得蓬松。

弹毛时，牧民根据擀制的毡子大小，由一定人数的弹毛者分别以对称的方式跪在铺好的羊毛两侧进行弹毛。弹毛者两手各持一根专门为弹毛而准备的细木棍交替抽松羊毛。羊毛弹得好坏会影响毡子的质量。将羊毛弹得像棉花一样蓬松是至关重要的，因此牧民为了确保毡子的质量，会邀请弹毛技巧熟练的邻里或者专门的弹毛匠人来弹羊毛。羊毛弹至棉絮般蓬松后，尽量以蓬松状放置在容器中以备下一道工序使用。

## 二、絮毛

絮毛是将弹好的羊毛层层铺絮的工序，也是擀毡过程中的一道重要工序。"絮毛"也称作"铺毛"（图3-5）。一些牧区的牧户在擀毡时会专门请来擀毡经验老到的长辈指挥擀毡流程，并将此人称之为"铺毡妈妈"。在擀毡的整个流程中所有参与劳作的人都要听从"铺毡妈妈"的指挥。如果絮毛的人功夫欠佳，擀制出的毡子就会出现薄厚不均的情况。民间流传的歇后语"毡匠擀毡——厚此薄彼"，就是用来形容絮毛技艺不

图 3-5　铺毛

够熟练的毡匠。

传统擀毡过程中进行絮毛劳作时，需要事先备好底毡，也有一些地区或其他少数民族用"帘子"取代母毡的情况。蒙古族将底毡称之为"母毡"或"原毡"。母毡是指质量好的旧毡，是擀制新毡时用来铺絮弹好的羊毛所用的底毡。牧民擀毡多用往年擀制的好毡作为母毡。如果家中没有可用的母毡，牧民有备上好礼去邻里借毡的习俗，并将借毡称之为"请母毡"。请来的母毡，擀毡劳作结束后，必须带着表示谢意的礼物还回去。请来的母毡后要用黄油、鲜奶等奶食品涂抹在母毡上端，以表示对请来的母毡的敬仰。备好母毡后用水将母毡打湿，并在上面絮好第一层羊毛絮。第一层羊毛絮一般使用弹好的短羊毛，再将长羊毛絮在上面。擀毡时可以根据毡子的用途决定絮几层羊毛。一般用于蒙古包围毡的毡子或地毡，会絮上多层羊毛来加厚毡子。如果用于制作靴子、毡袜等服饰或接羔袋等物品的话，便会擀制较薄较软一些的毡子。

擀毡絮毛工序要求絮毛者有经验且熟练麻利。铺絮羊毛时一般从母毡上方开始铺絮，絮毛者一边絮毛一边整理，尽量使毡子整体的厚度相一致。

絮羊毛时，根据毡子的面积由四五名絮毛者跪在母毡上从上方同时开始铺絮羊毛。絮羊毛技巧的好坏直接影响毡子的厚薄均匀、平整程度及毡子的整体质量。

## 三、浇毡

擀毡技艺中又一个重要的环节便是浇毡工序。浇毡（图3-6）是指在铺絮好的羊毛上用水桶或锅均匀地喷洒热水，使絮好的蓬松羊毛具有一定的潮湿度并能够凝结起来，同时

图3-6 浇毡

也为下一道卷毡工序做准备。羊毛遇水粘连的效果极好，因此擀毡过程中擀毡人不停地浇羊毛毡，这样可以使羊毛更好地粘连在一起，能够加大新毡密度。除了浇水，一些牧区擀毡时也会喷洒一些油与豆面，增加羊毛的凝结度，使毡子更具密度，变得光滑紧实。擀毡过程中喷洒豆面增加毡密度，并非蒙古族传统擀毡技艺的流程之一，因为蒙古族先民居住的地理位置、自然气候因素以及蒙古族传统的游牧生活模式决定了在蒙古地区麦子等耕作物的产量不是很高。这样稀缺的粮食用于擀制毡子，对于蒙古族先民来说是极其奢侈之举。因此，擀毡时喷洒豆面、清油等举措应该是随着后期经济社会的发展与各民族贸易互市、文化交流而产生的环节。

浇毡过程要像细雨绵绵般浇洒水，如果淋浇的幅度过大过猛，浇水量不均匀，容易造成毡子粘连的薄厚不均。

图 3-7　卷毡

## 四、卷毡

卷毡（图3-7）工序一般在淋浇絮好的羊毛之后进行。卷毡工序是一道体力活，因此往往由体力较强者来进行卷毡劳作。牧民卷毡有两种方法：一种方法是由两名卷毡者站在毡子的两端同时用力，从外向内用母毡或事先铺在底部的软畜皮进行捆包，将新铺絮好的毡子卷成桶状，然后用皮或鬃毛绳索捆扎好待下一环节进行拉毡。另一种方法是多人同时由外向内将毡子卷成桶状进行捆扎。捆扎好的毡子两侧预留出锁扣，便于拉毡。卷毡时卷毡人要以同等的力度，一边整理一边卷毡子。

捆扎毡卷必须要紧致，否则在拉毡过程中容易造成毡卷散落，导致前功尽弃。

浇毡与卷毡工序要反复进行几次，浇水后将毡子卷起并擀出水分，再进行浇水，如此反复操作能够使铺好的毛絮更加黏合，这样擀出的毡子密度大。

图 3-8　拉毡

## 五、拉毡

拉毡（图3-8），也称之为擀毡子。擀毡子是指在捆扎好的毡卷两端预留的锁扣上系上绳索，交于两名骑手分别扣在马鞍上，用马匹拉毡的过程。有些地区用骆驼拖拽毡子。传统擀毡方式是在草原上用马匹拖拉毡卷，拖行约一里地，如此来回拖拽十余次后新的毡子便擀制成功了。

擀毡子用马匹拉毡时，需要骑手掌控马的步法，以均匀的速度拖拉毡卷。擀毡骑手上马准备拉毡卷时，人们将事先准备好的奶食品献上让骑手品尝后出发。此习俗预示着拉毡擀毡劳作的完成。

擀毡子除了用畜力拉拽外，也可以用人力进行擀制，即用人力拉拽或用肘部下压、手掌拍击等方式擀毡子。一般人力擀制出的毡子，多当作母毡使用，以备下一次擀毡时当作底毡来用。

图 3-9　整毡形

## 六、整毡形

毡卷拖拽一定次数后，人们解开捆绑毡卷的绳索，将擀制好的新毡折叠成长方形，两端各由三名身强力壮的男子拍打拉拽。这一道工序是整毡形（图3-9）工序。如此拉拽二三十次即可。这一工序旨在抻拽新毡，使其固定成形。将擀制的新毡抻拽之后，便将新毡置放在草坪上进行晾晒。晾晒好后，整个擀毡过程结束。

擀毡过程经过弹毛、絮毛、浇毡、卷毡、擀毡、整毡形等多道工序后，新的毡子即擀制完成。擀毡的整个流程井然有序，人们分工明确地完成着各自的工作。因此，擀毡技艺是一项集体的技艺。在擀毡者共同的努力下，新的毡子擀制成后，人们会进行"祝毡"仪式，以此庆祝集体擀毡劳作圆满结束。

## 第三节　工厂作坊的制毡过程

毡工业生产取代传统手工擀毡劳作后，商品化的毛毡及毛毡制品产量远远超出了民间手工擀制的毡子产量。毡子的工业加工流程，因机械操作制作原因多了许多道工序。工厂加工毡子的主要流程包括筛选羊毛、开毛、提净、碳化、梳理、铺网、搓坯、捣毡、缩绒、挤毡、二次捣毡、漂白、甩干、烘干、高温定型、防蛀处理、毛毡制品处理、质检等工序（图3-10）。

筛选羊毛是指对收购的原材料羊毛分类筛选的过程。

开毛是指打开装有已筛选羊毛的容器、袋子的过程。

提净是指提取羊毛中杂质的过程。

碳化是指用化学反应原理去除散羊毛中的植物性杂质和油脂过程。碳化工艺是控制整体毡的密度和碳含量的重要工序。目前，碳纤维毡是极好的工业用的隔热材料。

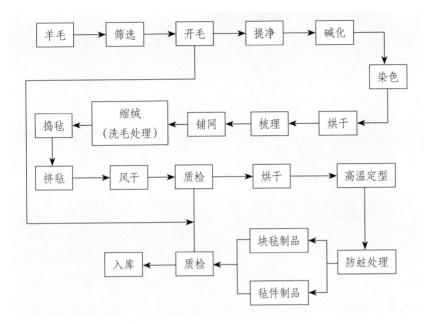

图 3-10 工厂加工毡流程图

梳理是指用梳理机处理碳化羊毛的过程。

铺网是指将羊毛铺成网状的工序。

搓坯是指用平扳机揉搓羊毛坯的工序。

捣毡是指对铺平的羊毛坯进行碾压，增加毛毡毛坯硬度的工序。

缩绒是指对毛毡密度进行处理的工序。

挤毡是指用压毡机将毛毡压平整的工序。

二次捣毡是指二次处理毛毡的密度与交叉力的工序。

漂白是指调整毛毡颜色的工序，漂白程度依据客户要求进行。毡子的漂白工序一般耗时六个小时左右。

甩干、烘干主要是指处理毡子中掺杂水分的过程。

传统擀毡技艺用晾晒方式对成型毡进行最后处理，工厂加工毡主要靠高温定型。

图 3-11　工厂加工的毡子

　　毡子是用羊毛制成的，易虫蛀，因此民间传统防蛀措施主要是用樟脑粉或樟脑球防蛀，而工厂加工毡子时会通过机械的加工方式进行防蛀处理。

　　质检是对生产的块毡制品和毡件制品进行质量检查的过程。

　　工厂加工毡子主要利用机械操作，并且能够大批量生产。工业用毡主要依赖工厂加工的毡子（图3-11），一些旅游餐饮业、工艺品加工行业也使用工厂加工制作的毡子。

　　工业加工制作的毡子可以根据消费需求调整毡子的厚度、密度以及大小等性能，并且在产量上远远超出手工擀制的毛毡量。这是手工擀毡所不能及的特点。但擀毡技艺高超的毡匠却能擀制出密度极佳的毡子，机械加工掌握不好"度"可能会使毡子过硬或过疏。民间老话常说"加工的不如擀出的"，也许就是对手工擀制毡子的最好的肯定吧。

第四章
蒙古族传统擀毡技
艺的文化阐释

蒙古族传统擀毡技艺是蒙古族先民在游牧生产生活中根据经验积累的传统技艺，体现了蒙古族先民的独特的生产生活习俗及审美情趣。毛毡制品是蒙古族传统游牧生活中重要的物质基础。在漫长的游牧经济发展进程中，围绕着擀毡技艺、毡制品制作技艺形成了诸多与之紧密相关的习俗惯制，并代代相传至今。

## 第一节　蒙古族传统擀毡技艺的相关习俗

蒙古族传统习俗中关于擀毡、制作毡制品的风俗习惯是在擀毡技艺发展过程中逐渐形成的。

蒙古族在擀毡及制作毛毡制品的过程中逐渐形成了许多寓意深远而民族色彩浓郁的风俗习惯。这些与擀毡劳作相关的传统文化习俗预示着劳动的喜悦与成功。传统擀毡活动是强度较大的体力劳动，单靠个人力量是无法完成的。擀毡制毡过程凝结着集体的智慧，也充分体现了集体劳作的协作精神。

### 一、选择擀毡日期和场所

传统擀毡技艺最重要的环节之一是选择擀毡日期。擀毡是具有季节性的集体劳作模式，并不是一年四季随时都可以进行擀毡劳作。蒙古族擀制毡子主要选择在夏季或秋季的风和日丽的日子进行擀毡劳作。夏季的毡子用春季剪下的长毛做原材料，秋季的毡子主要采用当季剪下的短羊毛或羔羊毛做原材料。

　　生产劳作或举行仪式时对时间、空间的选择是人类早期共同的心理一致性特征的印证。很多族群、民族或不同社会群体基于不同的心理需求，以不同的方式，对行为实施的时间与空间做出相应的选择。《史记·匈奴列传》记载匈奴人狩猎或出征时都以"月圆月缺"为依据，"月盛壮则攻战，月亏则退兵"[①]。根据天象选择进退是远古时期许多民族共同的习俗惯制。

　　擀毡劳作是蒙古族传统生产劳作的重要环节。擀制毡子时蒙古族极其重视擀毡时间和场所的选择，他们认为擀毡的日子和场所对毡子的质量具有关键性的作用。进行擀毡劳作的时候主要选择风和日丽的天气，如果是有风天气就无法进行弹毛、铺毛絮等工序。所以牧民选择在夏季或秋季无风、晴朗的天气擀毡的时候较多。擀毡场所多选择在平坦、近水源的草场上。擀毡需要的水量较大，因此选择离水源近的地方可以节省劳作时间，也能保障毡子的质量。平坦宽敞的草场可以完成用马拉毡的工序。

　　选定擀毡日期与场所后，擀毡的人家就会告知并邀请邻里在擀毡的时候前来帮忙。擀毡劳作也是一种民间"礼尚往来"的互动行为。邻里相互帮忙完成剪羊毛、擀毡子等畜牧劳作，是游牧民族生产劳动的特色。

## 二、请母毡习俗

　　母毡是指质地良好的旧毡子，作为擀制新毡子时的底毡使用。蒙古族将底毡称之为母毡。

　　擀制新毡子时使用母毡，用母毡定型新毡子是不可缺少的工序。在擀毡过程中母毡极其重要，因此蒙古族非常重视母毡。擀

① ［汉］司马迁：《史记》（九），中华书局1963年版，第2892页。

制新毡子时必须用母毡做引子，即将母毡作为新毡子的基底，在母毡上铺上剪下并抽蓬松的羊毛，在母毡的基础上擀制新的毡子。每个牧民家庭一般都会备有往年擀制的优质旧毡来作为擀制新毡时使用的母毡。但遇到牧民自家没有合适的旧毡做母毡时，会进行"请母毡"仪式。请母毡习俗是指擀制新毡子的人家在没有母毡情况下，向周边邻里借旧毡子的习俗。

牧民家中进行擀毡劳作前，需要向周边邻居借母毡的时候，要备上哈达与礼物，以至诚之心向邻居表明来意，请求对方借予母毡使用。母毡使用完之后，借毡人像请毡时一样，备上丰厚的礼品，向母毡的主人致谢，并郑重地归还母毡。例如：2018年9月17日，家住内蒙古自治区乌兰察布市四子王旗巴彦敖包苏木的牧民贺喜格陶格套在自己的牧场进行了擀毡劳作。擀毡前一个月贺喜格陶格套向远近亲朋好友及邻里发送请帖，邀请大家来参加自己举办的擀毡宴。"恢复传统擀毡技艺，为子孙后代展演擀毡过程，希望能够恢复传统文化的传承性"是贺喜格陶格套举办这次擀毡宴的初衷。远近亲朋好友及邻里共150余人参加了贺喜格陶格套的擀毡宴。为了此次擀毡劳作，贺喜格陶格套请人选了擀毡日子，并向邻里请了母毡为擀毡做好了前期准备。擀毡的当天，他请来邻里中熟练掌握擀毡技艺的牧民，在悠扬的音乐声与欢乐祥和的氛围中擀出了头毡，并遵循蒙古族传统习俗吟诵了头毡颂。

在田野调查的过程中，笔者问到贺喜格陶格套是否有申请地方非物质文化遗产项目或传统技艺传承人的打算时，老人家慈祥的脸上浮起腼腆的微笑，说道："没有想过，只是想重温儿时的记忆，让现在的年轻人和孩子们多了解一些传统文化，记住祖辈留下的这些传统文化。"短短几句话，是当代普通民众共同心愿的体现。

在内蒙古很多地区的蒙古族中都有请母毡的习俗。苏尼特左旗民间擀毡在时间上选择农历八月份擀制毡子。制作毡子时有请母毡的习俗。母毡必须是质量上乘的标准毡子，并且要从在乡间邻里中有威望的长者家中请母毡。

### 三、擀毡时请茶的习俗

蒙古族擀毡时有请茶的习俗，即宴请前来参加擀毡劳作的众人喝茶的习俗。

牧民并不是年年都要擀制新毡子，而是根据生产生活的需求擀制毡子。如果需要擀毡子，牧民首先要备好擀毡用的羊毛，等到了擀毡季节才擀制毡子。牧民进行擀毡劳作前选好场地及确定好擀毡日子之后，将擀毡劳作的信息传递给周边邻居，邀请大家前来帮忙参加擀毡劳作。

擀毡是一项集体性劳作，是一种体力与智力相结合的劳动，仅靠个人或少数几个人是无法完成的。因此牧民们在擀制新毡子的时候，会邀请众人参与劳动，在大家的通力合作下完成擀毡劳作。擀毡当天一大早，擀毡子的主人家熬奶茶，备好奶食和手把肉盛情款待前来帮忙的邻里，以表达对参加擀毡劳作人们的感谢之意。

经过一天的忙碌，新的毡子擀制完成后，主人家会再次熬奶茶、煮手把肉盛情款待参加擀毡劳作的所有人们，以示答谢之意。擀毡劳作不仅仅是集体生产过程，也是为长年累月枯燥单调的畜牧劳作增添乐趣的一项劳逸结合的集体娱乐活动。在擀毡过程中人们一边体验着劳动的喜悦，一边感受着节日般的欢庆。

### 四、吟诵头毡颂习俗

牧民将经过多道工序擀制出的第一块毡子称之为"头毡"

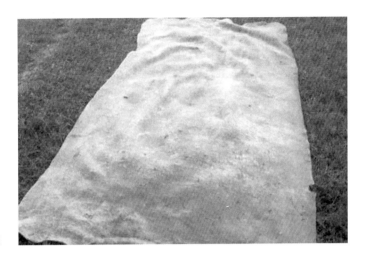

图 4-1　头毡

（图4-1），并且非常重视头毡成形。头毡颂是蒙古族赞扬擀毡
劳作第一块毡子的祝赞词，是蒙古族民间文学的重要体裁之一，
也是蒙古族擀毡技艺相关的传统口头传承文化。

　　头毡擀制好后，人们用鲜奶抹毡吟诵头毡颂，以示擀毡劳作
的初战告捷。

　　头毡颂多以赞扬擀毡者、头毡的擀制过程以及成品头毡为主
要内容。

　　笔者选择了一首头毡颂：


　　　用羔羊绒毛

　　　铺絮一拃厚

　　　用羔羊绒毛

　　　铺絮一指厚

　　　擀毡的人们

　　　变得喜气洋洋

　　　洁白的毡子

　　　变得美妙无暇

① 萨仁格日勒：《德都蒙古风俗》，内蒙古人民出版社 2012 年版，第 124 页。

> 勤劳的妇女们
>
> 变得心灵手巧 ①

吟诵头毡颂习俗既宣告了擀毡劳作的初步完成，也是辛勤劳作间歇的象征。人们对集体劳动的第一个成果进行赞颂的同时，会小憩片刻。休息期间人们以喝奶茶、饮奶酒缓解疲劳，恢复精力后准备着进入下一轮的擀毡劳作。

## 五、吟诵毡祝赞词习俗

擀毡劳动全部结束后，人们为了庆祝擀毡劳作的胜利，会对擀制出的全部新毡进行赞颂仪式，吟诵毡祝赞词。毡祝赞词一般由参加擀毡劳作的长者或祝赞师吟诵。在有些地区，如果在擀毡劳作进行过程中，遇到外乡异地来的宾客在场的话，热情好客的蒙古族人民就会邀请最尊贵的客人吟诵毡祝赞词。

毡祝赞词主要由以下几方面内容组成，即赞扬为擀毡提供了原材料的羊群、赞扬毡子的主人、赞扬擀制而成的新毡子、赞扬辛勤劳作的擀毡人、赞扬擀毡的劳作过程、赞扬擀制出来的新毡子的用途等。

笔者选取了一首毡祝赞词：

> 万事吉祥如意/贤能的主人家/万民爱护的/黄眼睛羊群，
> 希望绒毛越长越厚/羔羊万千。
> 山麓丰硕的冬营盘/戈壁静谧的春营盘，
> 草场广袤的夏营盘/心旷神怡的秋营盘的主人您，
> 用锐剪剪下的羊毛/在众人的辛勤劳作下/成为洁白如玉的毡子。
> 是蒙古包的围毡，是大家擀制的毡子，

我们在这里赞颂这洁白的毡子……①

①巴音、高娃编:《赞颂集》,内蒙古文化出版社1982年版,第264—271页。

内蒙古许多游牧地区都传颂着毡祝赞词。这些毡祝赞词的内容基本一致,只是在祝赞词汇方面有些许的差别而已。以苏尼特左旗的一首毡祝赞词为例:

祝愿吉祥如意、平安长寿

草原是我们的家乡

蒙古包是我们的住处

佛祖永远保佑我们

因为主人是一位善良的人

凭神明保佑、圣主开恩

我们有了无数的羊、五畜兴旺

天降瑞云、地呈万福

四季富饶、草场辽阔

春季挤羊接羔繁殖

夏季剪长毛、秋季剪短毛

羊毛就像白云、堆积如山

牧人祖祖辈辈制羊毡子

邻里乡亲前来助力

制毡时洒的是清澈的泉水

用绳子拉的是马群里的骏马

制出的毡子是厚薄适宜、经纬适度

……

这雪白的毡包

是苏尼特人的宫殿

苏尼特人

①《苏尼特左旗地方志》编纂委员会：《苏尼特左旗志》，内蒙古文化出版社2004年版，第588–589页。

福如东海、寿比南山①

毡祝赞词中从擀毡流程到毡子的主人都是赞颂的对象。

毡祝赞词在不同地区有所差别，但在吟诵语调及内容方面基本一致。

## 六、擀制新婚礼毡习俗

毡子在蒙古族传统婚俗中也是极为重要的物品之一，不仅在婚礼过程中有使用毡子的习俗，婚礼聘礼及嫁妆中也时常伴有新毡礼。在婚礼筹备阶段，男方为将要成婚的子女搭建新蒙古包是蒙古族传统婚礼的重要内容。搭建新蒙古包含有成年子女成家立业、另起炉灶、繁衍子嗣的寓意，象征着生命的延续。新蒙古包的围毡、穹顶、铺毡都要用新擀的毡子制作，以此预示新的开始、新的起点。

传统婚礼过程中迎娶新人时有铺新毡迎新娘、新人在新毡上跪拜天地等仪式。在迎亲队伍快到男方家时，在一定距离远处铺设新毡且设简单的迎亲宴迎接并款待送亲队伍。迎亲宴一方面是为送亲队伍提供小憩的方便，另一方面可以腾出时间好让男方进入正式迎亲环节。

新婚搭建的蒙古包及婚礼过程中使用的毡子全部为新毡。搭建好新蒙古包后会吟诵蒙古包颂、蒙古包毡颂等祝赞词。

## 七、毡宴

蒙古族擀制新毡子后，擀毡的主人家要宴请参加擀毡劳作的人们表示感谢之意。此宴会通常被称为"毡宴"。毡宴上擀毡人家准备丰盛的食物和酒水，招待参加擀毡劳作的人们。擀毡的人们像节日一样欢庆擀毡劳作圆满完成。

毡相关的文化习俗与传统的擀毡流程，使民间传统擀毡技艺更具魅力。

## 第二节 蒙古族传统擀毡技艺的文化寓意

民间传统手工技艺是广大民众长期生活实践的总结，是重要的生产生活手段，也是民众赖以生存发展的主要技能。民间手工技艺不仅具有实用功能，同时在创造思路、具体操作、制作工艺流程及制品的精湛工艺、造型、图纹、色彩等方面都体现出了民众的审美情趣。传统手工技艺是不同民族、不同族群、不同社会群体在漫长的历史发展进程中不断摸索、不断改进，共同创造的社会文化行为，也是情感、审美、归属感、集体记忆等的重要精神符号。

传统擀毡技艺既是蒙古族传统游牧文明的璀璨记忆，也是蒙古族传统的文化符号。

### 一、传统擀毡技艺作为文化符号的阐释

民间传统手工技艺是民众共同创造并沿用的实际生产生活技能，同时也是点缀人们生活的一种民众艺术、一种大众文化符号。传统手工技艺作为一种民族文化，是该民族全体成员共创的物质财富与精神财富的融合，是民族物质文化与精神文化的重要符号。

民间传统手工技艺是有别于工业机械生产的一种人工技艺，是赖于民间匠人娴熟的技艺、融汇着匠人精神和荣誉感的一种手工技能。依据不同需求与制作工艺的繁简，又可以将手工技艺分为专门匠人的技艺与大众技艺。大众技艺是民众共同创造并享有的一种普通技艺。在人类社会漫长的发展时期，不同地域的人们

因所处自然环境的不同，在适应自然环境中形成了不同的生产生活模式。生活在游牧、农耕、渔猎等不同的生产生活模式中的人们，在长期的生产劳作与生活中创造了全体成员享用的共同的手工技艺。这些与生产生活息息相关的传统手工技艺要求大众化，在操作方面相对简单，是民众赖以生存的基本技能。正如"男耕女织"说明在自给自足的经济模式下，家庭内部所需的生活物资，主要依靠家庭自产。因此，许多民间技艺是大众大都能够掌握的操作技能。

蒙古族传统擀毡技艺即是这样一种由民间创造、由民众享用的手工技艺。

### （一）穹庐的圆形象征

北方游牧民族"逐水草而居"的生活模式，形成了其独特的居所形式。早期的"穹庐""毡帐"及后期演化的居所"蒙古包"最一致的一点即它们的形状都是圆形的。历史上居住在草原的北方诸游牧民族，如乌桓、鲜卑、匈奴、契丹、蒙古族等都不约而同地采用了适合游走于草场的居住方式。《魏书》记载乌桓"俗善骑射，随水草放牧，居无常处，以穹庐为宅，皆东向"[1]。又有《辽史》记载："契丹之处，草居野次，靡有定所。"[2]北宋使臣路振的《乘轺录》记载契丹建立辽国之后入住城邑依然保持着传统的居住方式，城邑内有"穹庐毳幕"。宋代诗人赵良嗣在《闻王师入燕》中的"朔风吹雪下鸡山，烛暗穹庐夜色寒。闻道燕山好消息，晓来驿骑报平安"[3]，萧总管的《契丹风土歌》中的"大胡牵车小胡舞，弹胡琵琶调胡女。一春浪荡不归家，自由穹庐障风雨"[4]，都是契丹族游牧生活的真实写照。

对于穹庐的形状，史料记载是"圆形"结构。宋朝使臣彭大

① 冯继钦、孟古托力、黄凤岐：《契丹族文化史》，黑龙江人民出版社1994年版，第101页。
② 冯继钦、孟古托力、黄凤岐：《契丹族文化史》，黑龙江人民出版社1994年版，第101页。
③ 冯继钦、孟古托力、黄凤岐：《契丹族文化史》，黑龙江人民出版社1994年版，第102页。
④ 冯继钦、孟古托力、黄凤岐：《契丹族文化史》，黑龙江人民出版社1994年，第102页。

雅在其出使蒙古的游记《黑鞑事略》中记载："穹庐有二样：燕京之制……上如伞骨，顶开一窍……草地之制……用柳木织成硬圈……"[①]13世纪普兰·嘉宾在《蒙古游记》中对蒙古族先民居所写道："他们的住处是圆的，像帐幕一样，是用树枝和细棍构成的。帐顶中央有一圆孔……帐的侧面和帐顶部以毛毡覆盖，帐门也是以毛毡做成的。"[②]《马可·波罗游记》中记载："其房屋用竿结成，上覆以绳，其形圆，行时携带与俱……"[③]这些记载均说明蒙古族先民的居所毡帐的形制是圆形的。

"圆"作为一种符号，在许多民族的文化中有一定的寓意。

对于"圆"的概念最早进行具象思考的是我国战国时期的墨子。墨子在其《墨子·经上》中指出："圆，一中同长也。"[④]清朝时期，陈澧在其《东塾读书记·诸子》中对墨子的定义做了进一步的阐明："圆之中处一圆心，一圆惟一心，无二心，圆界至中作直线俱等。"[⑤]墨子的定义比古希腊著名数学家欧几里得《几何原本》中对"圆"的论述要早了百余年。

与"圆"的具象思考和定义相比，人类对圆形的抽象思维却要早了许多。古人早期的信仰是人类对圆形赋予深刻寓意的主要原因。古人对圆形自然物或物体的崇拜是人类在抽象思维中对"圆"形所赋予的象征意义。

太阳是带给人类光明与温暖的自然天体物，在人类对自然万物变迁还不能够做出科学认知的远古时期，古人视太阳为神灵，对其进行虔诚崇拜。太阳是圆的，于是对太阳顶礼膜拜的古人生活中处处出现了像太阳一样的圆形符号。使用的器物、身体上的彩妆，甚至坚硬的岩石也成为古人刻画太阳的天然"画布"（图4-2）。蒙古族自然崇拜中的太阳崇拜是蒙古族先民主要的信仰之一。直至今天许多蒙古族地区还保留着拜日的习俗。星星点点散落在草原上的岩画也印证着太阳崇拜这一古

① 许全胜校注：《黑鞑事略校注》，兰州大学出版社2014年版，第22-23页。

② 耿昇、何高济译：《柏朗嘉宾蒙古行纪·鲁布鲁克东行纪》，中华书局2002年版，第30页。

③ ［法］沙海昂：《马可·波罗行记》，冯承钧译，上海古籍出版社2014年版，第119页。

④ 方勇译注：《墨子》，北京：中华书局2011年版，第326页。

⑤ ［清］陈澧：《东塾读书记》（卷十二），商务印书馆1930年版，第12页。

图4-2  太阳岩画

老的民间传统信仰。

蒙古族视圆为"吉祥、美满、团结、力量"的象征，赋予了圆浓郁的民族色彩。据《史记·匈奴列传》记载，匈奴人有出征前必请萨满观月进行占卜，依月圆而进、月缺而退的习俗。此类记载也出现在《蒙古秘史》中，成吉思汗出征或行猎时选择"满日"行事。

13世纪蒙古族驻地、行军组织聚居的"库里颜"以及蒙古包都是圆形结构。

圆形结构源于蒙古族的游牧生活，是适应蒙古高原气候的产物。圆形建筑能够承受强风的造型与容易使空气自然流通的顶部圆形天窗设计理念，虽然在蒙古族先民生活中不是以清晰的科学理念形式出现，但却以实实在在的实践方式出现在其生产生活过程中。早期氏族部落时期，蒙古族的居住形式与农耕村落聚居形式是有区别的。每一个部落的百姓以部落首领的毡帐为中心，围成圆形搭建自己的毡帐，并将这样的圆形聚居结构称为"库里颜"。从部落聚居的"库里颜"、蒙古包到各种器具、各类纹样（图4-3），"圆形"在历史演进过程中渐渐从具象思维的物体走向抽象思维的象征符号，承载了蒙古族先民最朴素的哲理与最

图4-3 毡圆形纹样

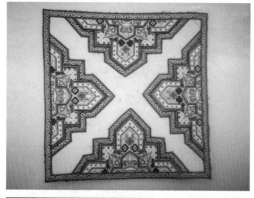

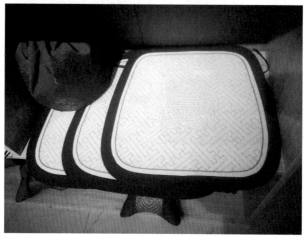

图4-4　毡几何形纹样

质朴的审美情趣。

　　与其他游牧民族的花毡不同，蒙古族擀制的毛毡多为原色毡，主要颜色是白色与黑色。早期毡子上的纹饰也简洁明了，多是以对称为基调的简单几何形图纹（图4-4）或者民间纹样，如吉祥结、云纹、鼻纹、波浪纹或者菱形纹、方形纹、圆形纹等图案较多。将简单的纹样框在圆形中也是较常见的毡纹样。

### （二）毡制装饰艺术的城市化元素

　　随着城镇化的发展，游牧迁徙的蒙古族渐渐融入社会的变迁中，草原深处一座座城池林立，草原人民也不断走向城镇化。城池的发展，对于蒙古族来说并不陌生。早在蒙古帝国时期，蒙古族先民便掌握了建造城池的精湛技艺，以寺庙为中心的一座

图 4-5　毡制文具用品

座古城便是蒙古族先民的杰作。

　　蒙古族的城镇不仅呈现草原的建设风格，也融入了蒙古族传统的审美取向。

　　擀毡技艺因材料、擀毡场域等要求，主要盛行于牧区。居住在城镇的蒙古族虽然并不从事擀毡劳作，但随着毡绣等技艺的发展延续，家中使用毡制品或用毡艺术品装饰房间的现象越来越常见。从榻榻米毡垫、餐桌毡垫、座椅毡蒲团、汽车座椅毡垫、杯垫、毡挂画、毡制手提包等日用毡制品，到毡笔筒、毡笔袋、画毡、毡板擦等文具用品（图4-5），毡制品已成为蒙古族生活中随处可见的物件。近年来毡绣及毡工艺品技艺的发展带动了毡制艺术品制作加工工艺的发展，城镇居民家庭装饰摆设中毡制艺术品的比重越来越大。内蒙古地区各级各类非物质文化遗产的抢救与保护工作、传统文化传承与发展相关的宣传活动、毡绣技艺培训和展示活动，都促进了各地区擀毡技艺的传承。各类毡制用品及艺术品渐渐成为旅游业、文化节、那达慕大会或民族用品商场的重要商品，受到大众喜爱。点缀家舍或送亲朋好友的礼物中也常见毡制品或毡制艺术品。

虽然今天擀毡技艺在许多地方已经成为一种传统技艺的展演，失去了其传统意义上的重要性，但包括蒙古族在内的许多拥有擀毡技艺的民族依然将其视为民族文化的瑰宝，期望着该技艺能够继续得以传承和发展。非物质文化遗产的抢救与保护工作为擀毡技艺的复兴带来了新的契机。擀毡技艺以另一种形式回到民众生活中，延续着这古老技艺的生命。

蒙古族的一些城镇居民对居家环境审美需求的提升，进一步推动了传统擀毡技艺的发展。传统元素与时尚元素相结合的设计理念，为新时期的擀毡技艺与毡制品制作工艺赋予了新的生命。

### （三）审美情趣的象征

"穹庐""毡""旃裘"无疑是包括蒙古族先民在内的许多北方游牧民族共同的文化符号。蒙古族先民因特殊的居住环境、生活模式形成了独特的游牧文化。这一具有浓郁民族色彩的文化模式体现在蒙古族衣食住行中的各个环节。古老的擀毡技艺及毡制品是游牧文化的符号，更是游牧民族审美情趣的重要体现。集体辛勤劳作擀制出的毡子，巧妇一针一线绣出的毡纹样，生活场景中无处不在的毡制品，都是蒙古族先民智慧的结晶与审美的体现。

毛毡对于蒙古族来说不仅是美的象征，更是神圣、庄严的象征。从远古时期供奉萨满毡偶神像到传统婚俗中铺毡迎亲的场景，都是蒙古族珍视毛毡的证明。蒙古族视洁白的毡子为上品，蒙古包围毡只用白色毡子制作，并且因为毡子长年累月被风吹雨淋，蒙古族每过几年就会为蒙古包更换新的围毡。尤其当儿女成家立业时，男方父母会为子女搭建新的蒙古包，拥有洁白围毡的新蒙古包预示着生命延续、子嗣繁衍。在传统蒙古族婚礼中，迎接新娘、新人拜天地时都有铺设新毡的习俗。

擀毡的许多北方民族认为花毡是毡制品中最为珍贵的物品，因此在传统婚俗中很多民族都有擀花毡为出嫁的女儿做嫁妆的习俗，如东乡族、维吾尔族、哈萨克族、柯尔克孜族、彝族及陕北地区的汉民族中都有擀制花毡做嫁妆的习俗。

## （四）文化自信的体现

蒙古族对民族身份认同的一个主要体现是对自我称谓的认同，即高度认可"毡帐民"这一称谓。在蒙古语中，蒙古族常自称"mongltooragtan""esgitooragtan"。其中"mongol"指蒙古，"esgi"指"毡子"，"tooragtan"指"围毡者"。围毡是蒙古包的构成要件，主要的材料是毡子，蒙古族先民自称"蒙古围毡者"，即毡帐民。

"称谓，指人们因亲属或其他方面的关系，以及身份、职业等而得来的名称。"[1]关于称谓，孔子认为"唯名与器，不可以假人"[2]，唐代刘知几《史通·称谓》中认为"称谓关乎名与实，十分重要"[3]，说明"称谓"自古具有身份认同与识别的作用。

"称谓"是人类社会所独有的一种文化现象，是每一个个体、族群、社会群体、社会组织在社会语境中的自我表现形式，也是被认同的重要标志之一。在人际交流交往中，名称、称呼、称谓都是相互认同与识别差异的重要符号。每一个民族的"称谓体系"，都反映着该民族的观念意识以及价值取向。反之，每一个民族成员的称谓选择也隐含着该民族文化的价值观、习俗惯制、宗教信仰等观念，甚至每一个个体以其所属文化为基础的审美情趣也体现在其称谓中。

人、事、物都有其相配的称谓，如人有其名、物有其称、事

① 中国社会科学院语言研究所词典编辑室编：《现代汉语词典》，商务印书馆 2020 年版，第 163-164 页。
② 白云译注：《史通》，中华书局 2014 年版，第 173 页。
③ 白云译注：《史通》，中华书局 2014 年版，第 173 页。

有固定叫法，这些称谓是在人类社会文化发展进程中渐渐约定俗成的。名称与所指物之间约定俗成的称谓，形象地表达出所指物的基本特征、性状，是与所指相一致的。魏晋时期的欧阳建认为"非物有自然之名，理有必定之称也。欲辩其实，则殊其名；欲宣其志，则立其称。名逐物而迁，言因理而变。此犹声发响应，形存影附，不得相与为二矣"[1]，形象地道明了称谓与所指之间相辅相成的内在联系。

蒙古族先民以"毡帐民"自称，既是蒙古族毡文化的重要体现，也是蒙古族文化自信的象征符号。北朝民歌《敕勒歌》中"天似穹庐，笼盖四野"，大气磅礴地形容北方游牧民族居所似天的形状。"穹庐"除了指古代北方游牧民族居住的毡帐，还指代北方少数民族。南朝梁国诗人丘迟在其《与陈伯之书》中以"如何一旦为奔亡之虏，闻鸣镝而股战，对穹庐以屈膝"[2]，描绘了南朝被北方游牧民族劫掠的情形。唐代陈鸿的《东城老父传》中"上皇北臣穹庐，东抻鸡林，南臣滇池，西臣昆夷，三岁一来会"[3]，印证了唐朝统领南北四方族群的盛景。宋代司马光在其《论屈野河西修堡状》中提到"今虏众尽已退去，自州城以西至大横水浪爽平，数十里间绝无一人一骑"，这里提到的"虏"和上文提到的"穹庐"等均指称北方游牧民族。[4] 历朝历代文人墨客的经史传记、诗词歌赋生动描绘了中原王朝与四方族群在中国历史大舞台上演的一幕幕"历史剧"，无一不见证着"穹庐"便是北方游牧民族。"穹庐"既指毡帐，也指毡帐民，生动地描绘了北方游牧民族生计模式——畜牧经济、文化模式——"毛裘易罗绮，毡帐代帷屏"[5]的游牧文化。

蒙古族自古自称或被称为"毡帐民"，不仅是对蒙古族游牧生产生活特点的贴切称谓，还是一种独特的蒙古族文化符号，是蒙古族文化自信与自豪的象征。

①童庆炳主编：《新编文学理论》，中国人民大学出版社2011年版，第179页。

②［梁］萧统编，［唐］李善注：《文选》，中华书局1977年版，第608页。

③［宋］李昉等：《太平广记》，中华书局1961年版，第3995页。

④［宋］司马光：《司马光集》（第1册），李文泽、霞绍晖校点，四川大学出版社2010年版，第512页。

⑤［宋］郭茂倩：《乐府诗集（上）》，聂世美、仓阳卿校，上海古籍出版社2016年版，第399页。

# 第五章 传统擀毡技艺的传承与保护

　　"丝绸之路"一词是由德国著名地理学家、地质学家李希霍芬1877年在其著作《中国》一书中首次提出的，指代贯通中西方的商贸交通要道。西汉张骞出使西域是我国与中亚、西亚之间丝绸之路的开端，后经三国、隋朝，到了唐朝时期丝绸之路已经成为连接亚欧大陆的重要贸易通道。千百年来，丝绸之路成为游牧部落、商贾、传教士及各国使臣、游历探险者往返于亚欧大陆的必经之路，不仅促进了地域间的经济贸易往来，也推动了亚欧各国间政治、文化及生产技术的交流与互动。

　　据史料记载，沿丝绸之路的各国民间"织罽"技艺相当发达。"罽"为"用毛做成的毡子一类的东西"[①]。地处古丝绸之路的西域古国罽宾"其民巧，雕文刻镂，治宫室，织罽，刺文绣"[②]；在楼兰古道出土的"楼兰美女"身裹毛织毯子、头戴插着雁翎的毡帽；被誉为"丝路明珠"的高昌国曾遣使中土献"鸣盐枕、蒲陶、良马、氍毹等物"[③]；汉武帝时期远嫁西域乌孙国的公主刘细君写了一首思乡的《黄鹄歌》："吾家嫁我兮天一方，远托异国兮乌孙王。穹庐为室兮旃为墙，以肉为食兮酪为浆。居常土思兮心内伤，愿为黄鹄兮归故乡。"[④]等等，这些记载都是古丝绸之路沿途各民族擀毡技艺的见证。随着丝绸古道的几番浮沉，不同族群、不同民族创造了人类又一辉煌的

① 新华辞书社编：《新华字典》，商务印书馆1962年版，第205页。

② 余太山：《两汉魏晋南北朝正使西域传要注》，中华书局2005年版，第108页。

③ 余太山：《两汉魏晋南北朝正使西域传要注》，中华书局2005年版，第400页。

④ 余太山：《两汉魏晋南北朝正使西域传要注》，中华书局2005年版，第157页。

文明——"丝路文明"。

2013年9月，中国国家主席习近平在哈萨克斯坦纳扎尔巴耶夫大学作重要演讲，提出共同建设"丝绸之路经济带"。为了使亚欧各国经济联系更加紧密，相互合作更加深入，发展空间更加广阔，可以用创新的合作模式，共同建设"丝绸之路经济带"，这是一项造福沿途各国人民的大事业。

今天的新丝绸之路再一次成为中国与世界各国互通商贸的要道，既可以开发沿途地区的经贸潜力，又是对古丝路文明的传承。产业技术的投资将带动我国西部各省市的技术革新。擀毡技艺作为古老的传统技艺在西部各民族中的复兴与传承，预示着新的丝绸之路上民间传统技艺将走向新的征程。

## 第一节　蒙古族传统擀毡技艺的保护与传承

蒙古族传统擀毡技艺的起始年代及其技艺流程虽然无法考证，但文献资料的记载、历朝历代的出土文物不仅证明了擀毡技艺的古老轨迹，而且更重要的是历经数千年的游牧生活真实地印证了毡子是蒙古族生产生活中不可或缺的物品。相传于民间的古老而传统的擀毡技艺，在蒙古族游牧历史上留下了不可轻视的印记。从民间家庭式作业到大型工厂制毡作业，从普遍使用到面临绝迹，再到逐渐复苏，蒙古族传统擀毡技艺经历着传统生活与现代生活的重重洗礼。

蒙古族作为中华民族的重要组成部分，与时俱进地走在现代化的行列中。内蒙古地区城镇化的发展，催生了许多新的产业、技艺的发展，但也使许多历史悠久的民间传统手工技艺面临着失传的风险。畜牧生产的现代化，无疑使在畜牧劳作中产生并世代传承的许多家庭式手工技艺渐渐失传。随着蒙古族生产生活方式的变化，牧区现在已很少能看到擀毡、制皮索、制作勒勒车、土方加工皮革等传统家庭手工制作技艺了。但这些民间技艺是蒙古族传统文化中不可分割的重要组成部分，是民族文化的瑰宝，是民族精神文化的符号，也是民族文化自信的重要体现，因此传承和保护这些技艺十分必要。

虽然毡子已不再是蒙古族现代生产生活中的必需品，擀毡技艺也不再是牧民人人能够得心应手的家庭手工技艺，但作为蒙古族的传统文化符号、集体文化记忆，依然以另一种方式得到了前所未有的发展。

## 一、非物质文化遗产项目——擀毡技艺

内蒙古自治区自2007年开展自治区级非物质文化遗产项目的抢救与保护工作以来，先后于2007年、2009年、2011年、2013年、2015年、2018年、2022年进行了七次自治区级非物质文化遗产申报评审工作，并公布了七批自治区级非物质文化遗产名录及六批扩展名录。其中与传统擀毡技艺相关的民间传统手工技艺类项目共有13项。自治区级历年申报成功的技艺类非物质文化遗产项目如下所示：

2007年（第一批）：
蒙古包　内蒙古文联、西乌珠穆沁旗、陈巴尔虎旗
蒙古族驼具制作工艺　额济纳旗
阿拉善地毯制作技艺　阿拉善左旗

2009年（第二批）：
蒙古族传统擀毡技艺　乌拉特中旗
蒙古族绳艺　苏尼特左旗

2011年（第三批）：

毡绣技艺　苏尼特左旗

毛绣（察哈尔毛绣）　察哈尔右翼后旗

2011年扩展名录（第三批）：

蒙古包营造技艺　正蓝旗、阿鲁科尔沁旗


2013年（第四批）：

手工打结汉宫羊毛地毯技艺　牙克石市非遗保护协会

挂毯织造技艺　内蒙古佰艺吉纳文化艺术有限公司


2015年（第五批）：

蒙古族毛纺织及擀制技艺　阿勒泰地区、和静县

额日木格制造技艺　阿拉善左旗文化馆

巴尔虎制毡及搓毛绳技艺　新巴尔虎左旗文化馆

土尔扈特擀毡技艺　额济纳旗非遗产保护中心

羊毛毡制作技艺　扎赉特旗文化馆

苏尼特制毡技艺　苏尼特左旗文化馆


2018年（第六批）：

蒙古族壁毯织造技艺　内蒙古力王工艺美术有限公司

鄂温克族五畜绳制作技艺　鄂温克旗达刊手工艺品牧民
专业合作社

包头地毯织造技艺　包头市艺术研究创评中心


2022年（第七批）：

宁城地毯织造技艺

内蒙古地区积极响应国家关于非物质文化遗产的抢救与保护工作，建立地方非物质文化遗产保护中心，开展各级各类申报工作，从多方面宣传与支持各盟市旗县的非物质文化遗产保护工作，为区内各民族传统文化技艺的传承与发展提供了有效保障。在区级非物质文化遗产保护工作的带动下，各级政府及相关部门高度重视地方非物质文化遗产，旗县级申遗各项制度也日趋完善。民众对传统文化技艺的传承与保护意识的提升，使包括传统擀毡技艺在内的诸多民间手工技艺得到了复兴与发展。

## 二、学校教育模式——毡绣兴趣班

擀毡技艺作为非物质文化遗产项目，受到各级相关部门的重视。让民族传统文化——擀毡技艺走得更久远是目前我国对民间传统技艺保护的重要内容之一。从官方到民间，从传承人（图5-1）到普通民众，从传承技艺到相关工艺技能，保护与传承擀毡技艺及相关毡绣技艺的活动在内蒙古各地区相继开展，取得了显著成效。更多展演性的擀毡活动及毡绣用品的涌现，再一次唤醒了人们对传统擀毡技艺的记忆。

在传承与发扬优秀传统文化方面，学校教育是重要途径之

图5-1　毡绣传承人

一。目前内蒙古地区很多中小学都开设了与擀毡、毡绣相关的兴趣课程。学校开展传统手工技艺兴趣课程，旨在通过课程教学、实践体验的方式让中小学生铭记这一传统技艺。毡绣兴趣班不仅讲解、传授传统的擀毡技艺制作过程，也会以展演的形式开展实践活动，让学生们亲身体验擀毡技艺。目前区内许多盟市、旗县的中小学、幼儿园都在开设传统文化特色教育，期望以这种教育方式让下一代重新认知、了解本民族的传统文化，重塑下一代的民俗感知力。例如，呼和浩特市民族实验学校针对二年级到五年级的学生，开设了每周一次的兴趣班特色课程。兴趣班课程主要有蒙古象棋、马头琴、毡绣、刺绣、蒙古舞、蒙古服装秀等一些与传统文化相关的课程，旨在增进学生们对传统文化的了解。乌兰察布市四子王旗红格尔蒙古族小学在每周一次的传统文化兴趣课程中除了开设包括毡绣在内的许多特色课程，还专门请来专业的毡绣教师教授学生们制作毡类艺术品的技能技巧。

　　一些旗县的教育机构为了让学生们了解原生态的传统文化，专门与当地知名的民俗学专家、研究者、民间传统工艺传承人合作办学，邀请他们在学校授课，为学生们传授传统文化知识。笔者通过采访苏尼特左旗国家级毡绣非遗代表性传承人孟根其其格老人得知，老人受邀在苏尼特左旗蒙古族中学上毡绣课，讲解毡绣制作的相关技艺，并且进行实践性操作。刚开始为每周两节课，后调整为每周三节课。据孟根其其格老人说，目前该校自愿报名参加课程的学生越来越多，学生们对毡绣的热爱体现在每一件精心绣制的毡艺术品上。作为国家级毡绣非物质文化遗产代表性传承人，孟根其其格老人不仅自己绣出了许多精美的毡绣品，而且还经常带领毡绣爱好者绣毡绣，带着毡绣艺术品参加国家级、自治区级、市级各类文化艺术活动，进行巡回展演。从以上信息可知，学校开展的兴趣班课程在很大程度上普及了民间毡绣技艺的相关知识，并提升了青少年对传统毡绣工艺及其相关习俗的感知力。

2011年，锡林郭勒盟文化馆与锡林郭勒职业教育中心签订合作办学合约，将传统擀毡技艺纳入学校文化教育范畴，通过开设兴趣课程和举办培训班，让更多的人了解和传承传统擀毡技艺。

## 第二节　民间传统擀毡技艺的比较研究

擀毡技艺是我国北方诸少数民族共同的文化传承。在我国，不仅仅是蒙古族，其他如维吾尔族、东乡族、哈萨克族、柯尔克孜族、土族、回族、彝族、裕固族等少数民族在历史上都曾或是游牧民族，或与游牧民族比邻而居，这些少数民族中也传承着擀毡技艺。这些民族在历史上大多数曾居住在古丝绸之路沿线，因历史、地理、文化等多种因素造就了我国许多少数民族传承过或正在传承着擀毡这一传统民间技艺。各族人民擀制毡子的方法及毡子的类型、制作的毡制品既有共同的特点，又有着鲜明的差异与民族特色。

### 一、擀毡流程的差异

民间传统擀毡技艺在流程工序方面既有相同性，又有一定的差别，在弹毛、铺絮、浇毡、卷毡、整毡形等工序方面大体相一致，但在擀毡工具、流程细节、纹样装饰、毡类型等方面，有些民族的擀毡技艺呈现出浓郁的民族特色与地域特点。

蒙古族擀毡流程主要经过剪羊毛、弹羊毛、絮毛、浇毡、卷毡、拉毡、整毡等工序。有些牧区在后期的传承过程中，受其他民族擀毡技艺的影响，在擀毡时也加入了喷油、洒豆面等工序。很多地方在申请非物质文化遗产的项目中，记录擀毡过程时，一般认为擀毡流程总共有13道工序。

维吾尔族，其祖先丁零、铁勒部均属于北方游牧民族。游牧生活的印记及地处严寒地带的生活模式，都成为擀毡技艺产生的渊源。维吾尔族擀毡流程主要有松毛、铺毛、踩毛及擀毡等工序。其中踩毛和擀毡工序是最重要的环节。维吾尔族擀毡中的踩毛主要是指把铺好的毛毡用芨芨草编的卷席卷成圆柱形捆好后，用脚来回踩，使其滚动来粘连铺絮好的羊毛成型。擀毡用手掌和上臂均匀擀制，直到毡子变得匀称为止。也有些地方用驴、马等畜力拉着石磙碾压铺好的羊毛，制成毡子。在毡子定形方面，维吾尔族与蒙古族擀毡过程中骑马拖毡的方法形成鲜明的差异。维吾尔族擀毡技艺与擀毡技艺的传承主要集中在新疆南疆地区的维吾尔族中。南疆擀毡者多为当地农牧民。

维吾尔族擀制的毡子除原毛色的毡子以外，主要还有花毡。花毡是种类较多的一种毡子。花毡是双层毡子，并且密度较大，所以要比一般毡子厚。我国许多少数民族都有擀制花毡的技艺。《魏书·西域传》中记载的"锦毡"即指"花毡"。根据制作技艺的不同，维吾尔族把花毡分为绣花毡、补花毡、擀花毡、印花毡、彩绘花毡等不同类型。绣花毡（图5-2）是指用彩色丝线在毡子上以锁盘针法绣出纹样的毡子。补花毡（图5-3）是指用彩色布套剪成各类纹样以正反对补缝绣成的毡子。

图5-2 绣花毡

图5-3　补花毡

图5-4　擀花毡

擀花毡（图5-4）是指用原色羊毛或染色棉毛在纯色毡的基础上摆出各种图案擀制成的毡子。印花毡（图5-5）是指用固定木质印模印制纹样而成的毡子。彩绘花毡（图5-6）是指用色彩扎染而成的毡子。

图 5-5　印花毡

图 5-6　彩绘花毡

　　花毡的制作方法与一般原色毡的区别在于，花毡比原色毡多一道工序，即进行染色的工序。多数少数民族的花毡织染颜料都是民间研制的颜料。因此花毡扎染工序也可说是民间传统擀毡技艺的重要组成部分。维吾尔族在清代时创造了木滚印花技艺，并将此印染技艺运用到擀毡、织布技艺中，创造了独具民族风格的花毡技艺与印花布技艺。这项技艺在2006年被列入我国第一批国家级非物质文化遗产名录。

　　维吾尔族擀毡匠人也分素毡匠人和花毡匠人。素毡匠人一般
只擀制原色毛毡，而花毡匠人在擀制毛毡时一边擀毡一边还要用
印染技艺擀制花毡。

　　东乡族主要居住于甘肃省临夏回族自治州。临夏海拔2000米
左右，属于温带大陆性气候，冬季寒冷，夏季酷热，温差较大。
2008年，国务院发布第二批国家级非物质文化遗产名录，东乡族
擀毡技艺被纳入其中。东乡族擀毡技艺作为民间传统技艺入选，
是国家对民间传统手工技艺技能的肯定与保护。

　　东乡族的擀毡技艺是普遍存在的民间手工艺，有很多游走他
乡的东乡族人以擀毡为业为生。东乡族的擀毡流程主要包括弹
毛、擀毡、洗毡、滚毡、揉毡边等工序。相传"弹弓、竹帘、
沙柳条"是东乡族擀毡匠人的"三宝"（图5-7）。技术精湛
的毡匠擀制的毡子不仅柔软、均匀、洁净、美观，而且非常耐
用。与蒙古族简洁的原色毡不同的是，东乡族擀制的毡子花样
繁多，包括花毡、红毡、瓦青毡等。

　　红毡（图5-8）是指用原色羊毛擀出毡子，并在毡子上绘制

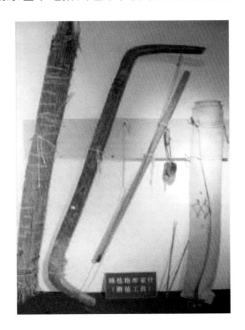

图5-7　东乡族毡匠"三宝"

图 5-8 红毡

①［魏］曹操：《曹操集》，中华书局2012年版，第62页。

②［清］彭定求等编：《全唐诗》，中华书局2008年版，第5141页。

③［宋］陆游：《陆游词集》，上海古籍出版社2011年版，第31页。

④章培恒主编，江巨荣、李平整理：《四库家藏·六十种曲（七）》，山东画报出版社2004年版，第116页。

⑤［清］曹寅：《楝亭集笺注》，胡绍棠笺注，国家图书馆出版社2007年版，第170页。

象征吉祥的民间纹样后，用多种植物研磨的颜料煮染而成的毡子。红毡多用于喜庆场景或用作嫁妆。东乡族嫁女一定要擀制红毡作为嫁妆。

　　瓦青毡是指青色毛毡。青毡自古有之。曹操在《与太尉杨彪书》中提道："今赠足下锦裘二领，八节银角桃杖一枚，青毡床褥三具。"①唐代白居易在《青毡帐二十韵》中提道："合聚千羊毳，施张百子帘。骨盘边柳健，色染塞蓝鲜。……王家夸旧物，未及此青毡。"②宋代陆游在《汉宫春·初自南郑来成都作》词中提道："吹笛暮归野帐，雪压青毡。"③这些都是古人用青毡及青毡物的真实写照。青毡不仅是物品，古人也用青毡形容生活清贫潦倒的景象，如明朝戏曲作家徐复祚在《投梭记·闺叙》中写道："卑人绿蚁一生，青毡半世。"④清代曹寅在诗中写道："朱绂聊通隐，青毡尽絜家。"⑤这些均有用"青毡"形容潦倒落魄之意。

　　哈萨克族是西北地区的游牧民族，因生活所需衍生出擀毡技艺，并祖祖辈辈相传至今。哈萨克族擀毡技艺相关的信息可追溯到公元前5世纪。新疆尼勒克县加勒克斯卡茵特墓地考古挖掘出土的毛毡证实了哈萨克族先民使用毛毡的信息。公元前2世纪，汉朝远嫁乌孙国的刘细君公主的《黄鹄歌》歌词"穹庐为室兮毡为墙"又一次验证了哈萨克族先民已有擀毡技艺及存在毡制品的使用。擀毡是哈萨克族牧民世代延续的家庭劳作，同样是邻里相帮的集体性劳动，因此"一家擀毡，邻里相帮"的擀毡情景是许多游牧民族共同的擀毡特点。

　　哈萨克族花毡可以说是闻名遐迩。哈萨克族人擀花毡的流程分两个步骤进行。头一道工序是擀制原色底毡。"擀毡子首先要将羊毛弹成絮状，平铺在一个用芨芨草编成的草帘上，然后用开水浇透羊毛，将草帘子卷起来用绳子扎好。然后一个人在前面拉，后面的人辅助使草帘滚动起来。这样持续2到3个小时，一个毡子基本能够成形。"[1]花毡是在原色毡的基础上用彩色毛线绣上图案或粘贴各色毡纹样、图案做成的毡子。各色毡子是事先用民间染料（图5-9）染制而成的。

　　2008年，"哈萨克毡绣与布绣技艺"入选我国第二批国家级非物质文化遗产名录。2017年新疆尼勒克县文化馆申报的

① 尹律航：《新疆哈萨克族的非物质文化遗产研究——花毡》，《现代装饰（理论）》2016年第7期。

图5-9　毡染料

"哈萨克擀毡技艺"入选伊犁哈萨克自治州第四批州级非物质文化遗产代表性项目名录。哈萨克族不仅擀毡技艺娴熟，其制造毡房（图5-10）的工艺也十分精湛。"哈萨克族毡房营造技艺"于2008年入选我国第二批国家级非物质文化遗产名录。

柯尔克孜族擀毡技艺主要体现在其花毡擀制技艺上。花毡诠释了祖祖辈辈以游牧为生的柯尔克孜人与自然环境的和谐相处。从取材到制作工艺无一不是柯尔克孜族勤劳与智慧的见证。花毡不仅是柯尔克孜人生活的必备品与装饰品，也是柯尔克孜人热爱生活的一种物象表达。迄今为止，花毡也是柯尔克孜女孩出嫁时

图 5-10　哈萨克族毡房

的必备嫁妆之一。花毡的一针一线更是衡量柯尔克孜族女性勤劳持家与秀外慧中的一个方面。

回族擀毡技艺是回族民间传统手工技艺之一，毡子被回族居民视作上乘的居家用品。毡子的防潮、耐用、防寒保温的特性深受生活在严寒地带回族人民的喜爱与珍视。在家家户户普遍使用毡子的年代，很多擀毡匠人经常游走于各村落间承揽擀毡活计，以此养家糊口。回族毡匠一般以两三个人结队的方式承揽擀毡活计。靠擀毡技艺养家糊口的毡匠在当时是很受重视的职业，很多毡匠从小学艺，一做便是一辈子的毡匠。

彝族擀毡技艺最早的记载见于彝族古籍《起源经》中。据记载，彝族弹毛擀毡技艺始于彝族先祖阿约阿先时代。彝族人将毡披风称作"袈什"，将毡制武士服称作"博兹"，将毡袜称为"正窝"，将毡制法帽称作"勒窝"，足以证明彝族先民也曾穿毡制服饰。在彝族服饰中，"双层袈什是在盛会上披的，起着盛装礼服作用"[①]。彝族擀毡流程是由弹毛、铺毛、浇毡、卷毡、滚毡、捆毡、晒毡等工序组成。在传统擀毡技艺中，浇毡时擀毡人浇洒凉水或温水，让毛絮粘在一起，方便用竹帘卷起。毡子在彝族生活中发挥着重要作用。《汉书》记载彝族先民"发髻、跣足、披毡"。1963年云南昭通后海子出土的东晋时期霍承嗣墓壁画中所绘制的部曲彝人的形象是"兹体（英雄髻）、披毡、跣足"。这表明彝族先民在汉代便已经掌握了擀毡技艺，并世代相传至今。

裕固族，是一个曾经游牧在鄂尔浑河流域的古老民族，畜牧是其主要的经济模式。"擀毡歌"，一种裕固族集体擀毡劳作时吟唱的劳动号子，是裕固族世代相传的擀毡技艺的见证。裕固族擀毡技艺根据工艺精细分为擀制硬毡和擀制软毡。硬毡是用山羊毛、牦牛毛等纤维较粗的畜毛擀制，而细毡则用羊羔毛或羊绒等

① 彝族人网：《彝族羊毛擀毡及纺织技艺》，网址：http://www.yizuren.com，2014年3月13日。

图 5-11　裕固族毡帽

① 玛尔简：《色彩斑斓的裕固族手工艺》，《中国民族》2007 年第 11 期。

较细的畜毛擀制的。擀毡流程主要是"用毛竹或柳条、芨芨草等植物编成网子，将打碎的毛铺在网上，喷上盐水或酸奶水等，再卷成圆筒反复碾压滚动成型"①。被裕固族称作"拉扎帽"的男女毡帽，是裕固族的传统配饰。白毡"拉扎帽"是裕固族已婚妇女的重要标志。过去裕固族男女一年四季都戴着毡帽（图5-11），足可见毡帽在裕固族服饰中的重要地位。如今裕固族为了保存、传承并弘扬民族文化瑰宝，创新性地在广场舞中编入了捻线、织褐子、擀毡、骑马等动作，通过广场舞这样一种具有广泛性、群众性的活动，向大众宣传传统擀毡技艺，以此增进民众对民间传统文化的认识与了解。

裕固族擀毡工具主要有弹弓、竹帘、沙柳条等，基本和其他民族的擀毡工具相近。擀毡流程是在抽松羊毛后进行弹毛，再将弹松的毛用竹帘卷起，用滚水冲洗，最后一道工序是将羊毛卷铺在案子上进行手工擀制。裕固族擀制毡子时会吟唱"擀毡歌"，一边唱一边擀毡，擀毡人的劳作协调一致，在劳动与快乐中大家擀制完成毡子。裕固族的毡子有用山羊毛擀制的沙毡，有用绵羊毛擀制的绵毡和毡提。毡提主要用在马鞍下做底毡，有保护马背的作用。裕固族男女戴的毡帽则通常用羔羊毛擀制的细毡制作，细毡制作的毡帽美观好看，戴着柔软，是裕固人最喜爱的服饰之一。①

香格里拉是个多民族聚居的地方，在这里各族人民共同创造了辉煌的多元文化。这里的彝族、傈僳族、普米族、藏族等少数民族中流传着古老的传统技艺——擀毡技艺。居住在洛吉乡九龙村彝族的擀毡技艺最具代表性。彝族擀制的毡子主要制作披毡、毡帽和垫毡等。披毡有单层与双层之分，单层披毡是平日劳动穿戴用的，而双层披毡是在彝族节日穿着的盛装。彝族人民擀制的披毡是彝族文化的活化石。而洛吉乡尼汝村藏族居民中间盛行的手工制作毡帽技艺是当地独特的民间传统技艺，直至今天仍然只能手工擀制而远近闻名。许多地区毡帽制作的主要用料选用已经擀制好的现成毡子制作，但尼汝村藏族制作的毡帽直接用羊毛擀制，手工擀制过程极其考究，是机器制作无法替代的。②

《河湟记忆》记录和挖掘了自给自足经济形态下的毡匠与擀毡技艺的现状。青海省海东河湟地区在漫长的历史进程中渐渐由游牧生活模式进入农耕生活模式，当地人在与游牧部落的交融交汇中掌握了擀毡技艺。在过去铺毡、盖毡的年代，一条红毡既是嫁妆又是居家贵重的"奢侈品"。河湟的毡匠不仅仅会擀毡，还会做毡帽、毡衫、毡靴。毡匠的好口碑全仗他所擀制的毡子和毡用品的高质量。河湟地区的擀毡匠主要在自家院落中擀毡。和游牧民族不同的是，陕北地区和没有马或骆驼等畜力的地区，拉毡主要靠人力来回滚动捆好的毡子达到成形的效果。修理毡边是考验毡匠擀毡技艺的工序，毡边修得不好就会直接影响毡子的薄厚及美观。当地俚语"毡匠擀毡——厚此薄彼"大概就是对修理毡边技巧最贴切的描述。

① 汪玺、铁穆尔、张德罡、师尚礼:《裕固族的草原游牧文化（Ⅱ）——裕固族的草原生产》,《草原与草坪》2012年第1期。

② 杨锡畅:《尼汝村:古村落里活振兴》,《致富天地》2022年第12期。

## 二、图案纹样的差异

纹饰是物品的装饰，也是一个民族独有的审美情趣的重要体现。每一种纹饰图案都是具有一定寓意的文化符号与象征符号。各民族擀毡技艺中装点毡子的纹样技艺也是一项极其重要的民间技能。装饰纹样技艺使各民族的民间传统技艺更具文化底蕴。一张纹饰华丽、图案鲜艳的毛毡是民间传统擀毡技艺与绣毡技艺的完美结合。

每一个民族的毡纹样都有着各自浓郁的民族特色，体现了该民族对图案色彩的审美情趣。各民族擀毡技艺在擀、绣、染、粘、做纹样等方面也各具特色。

蒙古族祖祖辈辈生活在干旱酷寒地带，生长植被多属草本植物与灌木，并且这类植被汁液稀少，因此蒙古族民间传统染色技艺的发展相对欠缺，擀制的毡子色泽单一，毡子上的纹样也是极简洁的。蒙古族擀制的毡子多以白色毡子为主，也称为原色毡。在原色毡上用驼色、黑色畜毛压出或绣上蒙古族民间传统纹样。蒙古族绣毡纹时因毡子既厚又硬、不易刺绣的原因，多选择象征美好寓意的吉祥结、云纹、鼻纹、几何纹等纹样装饰毡子。（图5-12、图5-13）毡子的纹样相对于服饰纹样简单易绣，主要材料选用与底毡色差较大的牲畜毛。蒙古族毡纹样主要是在擀毡时同步与底毡羊毛一起铺好擀制而成的。

除了蒙古族，许多民族擀毡技艺中毡纹样是极其纷繁多样的。最能体现毡纹样绚丽多彩的是各民族的花毡擀制技艺。

我国许多拥有擀毡技艺的少数民族都会擀制花毡。花毡制作工艺及其绘制的纹样都具有浓郁的民族色彩，象征着他们对美好生活的向往。

维吾尔族花毡的主要纹样有动植物纹、实物纹、建筑要素图纹、宗教符号纹、自然物象纹、几何纹等多种纹样。动植物纹主

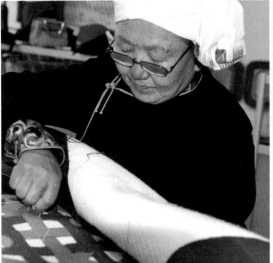

图 5-12　蒙古族传统毡绣技艺

图 5-13　蒙古族传统毡绣纹饰

①黄适远：《维吾尔族
花毡：祖先留下来的精
美技艺》，《中国民族报》
2018 年 1 月 9 日。

要是羊角、燕尾、驼掌、树木、花卉之类的图案；实物纹主要是梳子、花绳、车轮、木耙等生产生活用品的图案；建筑要素纹主要有窗格、台阶、壁龛、穹顶等图案；宗教符号纹主要是与维吾尔族历史相关的宗教图案；自然物象纹主要是日月星辰等自然界万物的变形图纹。几何纹主要是直线纹、三角纹、方形纹、圆形纹等图案。新疆自古地处古丝绸之路要道，是东西方文化交融交汇的重要地域。随着东西方文化的交流交融，维吾尔族花毡纹样中渐渐出现了中原其他民族的民间纹饰，如中原吉祥结、万字纹等纹饰也成为花毡的主要纹样元素。①

哈萨克族擀制的毡子在色彩、纹饰等方面具有浓郁的民族特色。哈萨克族纹饰图案是哈萨克族人民在长期游牧生活中积累起来的，是哈萨克族人民地域情结与审美情趣的物化形式之一。和蒙古族一样，哈萨克族在不同的器物上选择不同纹样来装饰。哈萨克族纹饰技艺融合了古老游牧民族的文化元素与伊斯兰文化元素。哈萨克族毡子多用实物纹样与几何形纹样，主要采用挑绣、钩补、编织、剪贴等手工技艺将纹饰图案装点在毡子上。其花毡无论是在擀制做工方面，还是色彩渲染方面都是久负盛名的民族手工艺精品。哈萨克族人民热爱大自然、崇尚世间万物的喜好尽显在他们的纹饰技艺上。他们的花毡色泽鲜艳、纹饰图案多样，主要的基色是红、蓝、绿、黄、白、黑等纯色系，以亮色为主、暗色为辅，哈萨克族花毡艳丽无比。每一种颜色象征着不同的寓意，表达着不同的情感。比如蓝色象征着天，代表着自由与广阔；白色象征着喜庆，代表着纯洁与美好。蓝色与白色是古老游牧民族敬天信仰与赖以生存的五畜奶汁的象征，是充满游牧文化寓意的色彩符号。在纹样的类型方面，哈萨克族图案不仅具有浓郁的民族特色，也体现出文化交流与融合的特色，中原文化元素与伊斯兰文化元素相结合的装饰风格也体现在花毡制作工艺中。

裕固族毡子或毡制品上的纹样主要取材于裕固族人民的生产生活，自然物、花草、动物造型是其纹样的主要图案。裕固族男女戴的白毡帽是最具代表性的毡制服饰之一。裕固族男毡帽由白毡制成，"帽檐后边卷起，后高前低，呈扇面形，帽檐镶黑边，帽顶有蓝缎子上用金丝线织成的圆形或圆八角形图案"[1]；而女毡帽分东西部略有差别，"西部尖顶，帽檐后部卷起，系用白色绵羊羔毛擀制而成，宽沿镶有一道黑边，内镶狗牙花边和各色丝绒滚边……东部大圆顶帽，形似礼帽……"[2]，只有已婚妇女才戴小毡帽。裕固族将妇女戴的毡帽称之为"扎拉帽"，"扎拉"为裕固语，原意为"穗子"。

柯尔克孜族花毡的纹样主要源自其生产生活，图案取材于自然，动植物、花卉、藤蔓以及几何纹样是其主要的图案。在色彩

①汪玺、铁穆尔、张德罡、师尚礼：《裕固族的草原游牧文化（Ⅳ）——裕固族的生活文化》，《草原与草坪》2012年第3期。
②汪玺、铁穆尔、张德罡、师尚礼：《裕固族的草原游牧文化（Ⅳ）——裕固族的生活文化》，《草原与草坪》2012年第3期。

运用方面，柯尔克孜人擀制花毡时追求补色效应，喜欢选用具有强烈对比的色彩，如红、蓝、绿、褐等纯颜色。柯尔克孜人的花毡色彩鲜明，并且绘制的纹样极具象征寓意。如柯尔克孜人常用的角羝纹和牧草纹象征着畜牧丰收、人畜和谐。柯尔克孜族花毡在擀制技艺及纹饰图案上具有浓郁的民族色彩，也融合了伊斯兰文化元素。

彝族花毡纹样具有浓厚的生活气息，动物的某一特征、农作物的形状、生产工具的造型都会栩栩如生地展现在彝族花毡及其他物品上。旋涡、窗格纹、彩虹、火镰、波浪纹、星纹、土司印章纹、羊角纹等纹饰都是彝族妇女刺绣的主要纹样。彝族用传统擀毡技艺制成毡子后，再用民间画染工艺在毡子上绘制纹样，一张原色毡子瞬间变成色泽艳丽的花毡。制作花毡多用红、黄、蓝、绿、白、黑等鲜艳的纯色做纹样。

各民族擀毡技艺及毡制品的制作技艺是在相似的地理环境、共同的生活模式下逐渐形成的民间传统技艺。虽然社会经济的发展使这一世代相传的技艺濒临消失，但继续保护和传承这一传统的技艺却是各族人民共同的心愿。各省市乃至全国开展的抢救和保护非物质文化遗产工作，为擀毡技艺及擀毡匠人带来了希望。目前在相关部门的努力下，以地方文化特色、传承人、传统技艺三要素紧密相连的各族民间传统手工技艺得到了有效的抢救、保护与发展。

## 第三节　沿丝绸之路的各民族传统擀毡技艺的传承与保护

现代化进程的加速使人类的生活方式越来越丰富多彩。衣食住行的多元化，是传统生活模式创造的民间传统工艺技能变异、濒临失传的催化剂。对于许多游离在"传统"与"现代化"之间的民间传统技艺，在民间传统手工技艺赖以生存的原生态环境已不复存在的情形下，对于如何抢救与保护、传承与发展民间传统手工技艺，都将是人类亟需给出对策的问题。

今天我们抢救、保护抑或复兴传承这一古老而逐渐凋零的擀毡技艺，不是要重回擀毡用毡的游牧时代，而是让人们铭记这一古老而传统的民间技艺。无论是文化发展战略目标或是非物质文化遗产保护工作，最终的目的在于记录下这些曾经在人类发展进程中发挥过无与伦比作用的民间智慧结晶——传统手工技艺。今天对擀毡技艺的抢救、保护，是要我们的子孙后代能够铭记游牧民族所创造的民间传统技艺——擀毡技艺。

擀毡技艺的传承、毡制品工艺的传承、毡绣的传承及它们的传承人，是这一技艺延续的根基，也是这一技艺的文化记忆。

随着现代化、城镇化进程的不断推进，人类许多传统文化现象的传承与发展面临着消失的境遇。如何面对人类早期创造并沿用的传统文化即将消失的现象，成为全人类所要共同面临的问题。

自20世纪30年代《雅典宪章》中提出"有价值建筑与地区保护"问题以来，经过不同地域、不同国家、不同机构长时间的共同努力，1972年联合国教科文组织通过了《保护世界文化和自然遗产公约》，让人类发展进程中所创造的并承载着人类辉煌文明史的物质文化事项得以保留与保护。

人类的物质文化不仅仅是一种"存在"的承载，也是人类精神文化的重要载体。20世纪70年代，全世界对人类自然遗产的关注与保护，启发了后续对人类精神文化的保护意识与实践性的抢救工作。

## 一、目前我国民间传统手工技艺的保护工作现状

1997年，"人类口头与非物质文化遗产代表作"作为人类

非物质文化遗产的"代名词"得到了国际认可。2003年第32届联合国教科文组织大会通过了《保护非物质文化遗产公约》，自此人类创造并代代相传的另一种文化形式——非物质文化遗产得到了世界范围的关注，并围绕其开展了各级各类的抢救与保护工作。

"非物质文化遗产"这一称谓是相对于"物质文化遗产"一词提出的概念。"非物质文化遗产"是指被各群体、团体、个人所视为其文化遗产的各种实践、表演、表现形式、知识体系和技能及其有关的工具、实物、工艺品和文化场所。[①]在《保护非物质文化遗产公约》中明确界定了"非物质文化遗产"概念的同时，明确指出"非物质文化遗产"所包含的类别，非物质文化遗产行列中包含人类创造并使用的传统手工技艺。

2005年，《国务院办公厅关于加强我国非物质文化遗产保护工作意见》和《文化部办公厅关于普查非物质文化遗产通知》印发，快速推动了我国民间非物质文化遗产的抢救与保护工作的有力有序开展。

2005年，我国在全国范围内开展了国家级、省级、市级、县级四个级别认定、抢救与保护体系的非物质文化遗产抢救与保护工作。

2011年，我国出台的《中华人民共和国非物质文化遗产法》，规范了我国境内关于非物质文化遗产认定、抢救、保护与传承方面的各项工作。此法明确了我国民间传统技艺作为非物质文化遗产的地位与作用。该法的出台，为我国民间传统手工技艺的保留与传承提供了法律保障。政策性的保护举措与发展性的活动策略是民间传统技艺与民间工匠精神得以继续发展的有效保证。

2006年，新疆维吾尔自治区吐鲁番市申报的"维吾尔族花

① 文化部对外文化联络局编：《联合国教科文组织〈保护非物质文化遗产公约〉基础文件汇编》，外文出版社2012年版，第9页。

毡、印花布织染技艺"成为我国第一批国家级非物质文化遗产名录项目，为民间传统擀毡技艺的复兴开辟了新的发展道路。2008年，甘肃省东乡族自治县申报的"东乡族擀毡技艺"，新疆维吾尔自治区柯坪县申报的"维吾尔族花毡制作技艺"，四川省昭觉县申报的"彝族毛纺织及擀制技艺"，四川省色达县申报的"藏族牛羊毛编织技艺"等民间传统制作技艺分别入选第二批国家级非物质文化遗产项目名录。

2005年，云南省禄劝彝族苗族自治县"羊毛花毡印染技艺"入选昆明市市级非物质文化遗产保护名录，2009年入选云南省第二批省级非物质文化遗产项目名录。

传统擀毡技艺的发展不仅在国家层面得到了进一步的推动，各省市各级各类非物质文化遗产名录的公布，也为民间传统擀毡技艺的发展提供了更大的空间。非物质文化遗产项目及项目传承人在资金、技艺等方面得到了极大的资助，使濒临失传的传统擀毡技艺再次获得了新的生命。

在全国范围内开展非物质文化遗产名录申报工作的推动下，各省市不断涌现出各级别的关于擀毡技艺的非物质文化遗产项目。

目前，我国许多民间传统技艺濒临失传的很大一个原因是那些身怀传统技艺的民间手工艺人多数生活在偏远地区，缺少资金支持，并且自身也缺乏参与市场经济营销的机会与经验，不能有效地发挥所掌握的技艺技能。与此同时，我国市场经济发展因多方面的因素，并没有很好地带动起部分民族地区传统村落社会的经济发展。这些民族地区包括民间传统技艺在内的许多民间非物质文化遗产的发展大环境没有得到有效保护，导致许多曾经是该地区民众经济生活支柱性的手工产业发展滞后，或者逐渐面临停滞消失的境况。一些传统手工技艺也因其用途的缩减，渐渐成为不合时宜的技艺，失去了其存在与发展空间。因此，大力开展抢救与保护民族地区非物质文化遗产的工作，成为许多省市着力发展和保护民间传统技艺的重要举措。

## 二、擀毡技艺的传承：现代擀毡匠人

传统擀毡技艺是一门易学但难提高的手工技艺。虽然擀毡流程简单易学，但要成为一名技艺高超的擀毡匠人却需要常年经验的积累，更需要擀毡人具有敏锐的智慧与吃苦耐劳的毅力。民间传统技艺不是人类生产生活需求的简简单单工序，也不是日复一日枯燥单调的实践而已，它凝结着人类的智慧与情感，是人类文明的象征与文化符号。每一个社会群体都有着与其生存环境和习俗惯制息息相关的一系列工艺技巧。北方游牧民族生活在气候干燥、寒冬酷暑、昼夜温差大的地域，为适应环境生存有了便于迁徙的穹庐——毡帐、保暖御寒的旃裘，以及感恩自然神灵的信仰习俗。独特的环境造就了独特的文化，就这样"逐水草而栖息"成为游牧民族的生活模式，也成就了极具生态意识的远古游牧文明。

内蒙古锡林郭勒大草原上有位叫呼和达莱的青年教师，他以自己的实际行动展现了一名年轻擀毡技艺传承人的执着追求。呼和达莱在2018年申请了擀毡技艺传承人。祖祖辈辈的擀毡技艺传到呼和达莱这一代已是第五代。在内蒙古地区像呼和达莱一样热爱传统文化、热衷于传承擀毡技艺的年轻人越来越多，这些年轻的毡匠们与老一辈擀毡匠人一道守护着这一传统技艺。

88岁的余世元老人是一位生长在内蒙古自治区鄂尔多斯市达拉特旗的擀毡匠人，老人从20多岁时开始拜师学习擀毡技艺，擀了60多年的毡子。老人家擀制的毡子可以说是遍布了达拉特旗许多农户家的炕头，这是老毡匠一生的自豪与荣耀。

老人家说直到20世纪70年代，毡子依然是村落社会农户人家炕头上的主要用品。走家串户的毡匠赢得的不仅是养家糊口的生意，更赢得的是匠人手艺精湛的口碑。从弹毛、铺毛、喷水、卷毡、捆毡、洗毡到整毡形、擀毡、晒毡，全部的工序都是靠毡匠的一双手，可谓是全手工擀制而成。但时至今日，毡子渐渐退出了人们的生活，年轻人也不再学习这门祖祖辈辈流传下来的技艺。于是"谁来传承这门手艺"便成为这位擀了一辈子毡子的擀毡手艺人的担忧与期盼。

在20世纪，毡匠、木匠、铁匠、鞋匠、皮匠是人们生活中不可缺少的重要手艺人。以往靠手艺讨生活的人常常是受人羡慕的。宁夏固原县①的王玉成老人是一位地地道道的毡匠。老人家从20岁起和父亲学擀毡技艺，整整40多年与"毡"为伍。过去家家用毡的时候，老人家的收入还可以。但随着机械纺织的发展，手工擀制的毡子需求量越来越少，老人家只好改做其他生意以维持生计。2006年，偶然的机会老人家可以重操旧业，在镇北堡西部影城民间手工毡作坊谋得毡匠一职，有了自己的工作室"老王毡坊"。虽然是展演，但老人家很知足，因为祖传的老手艺有了展演的舞台。

① 现为原州区。

李文志，是宁夏盐池县擀毡技艺传承人，从18岁起学擀毡技艺，一擀就是40余年。正如老毡匠所说："一踩羊毛毡就踩到底了。"淳朴的一句话却是擀毡匠人一生的执着。

甘肃省庆阳市宁县南义乡马泉村的左立彦老人，是一位擀毡擀了60余年的老毡匠。从6岁学艺起到现在老人家依然在擀毡。毡子在过去是家家户户的必备品，平时除了家用，姑娘的嫁妆里自然少不了一块毡子。老人家提起当年的擀毡"业绩"，不无自豪地说许多人家都铺着他擀的毡子。在那个艰辛的年代，一块毡子几代人用，既省钱又实惠。但是社会在发展，人们的生活在改变，擀毡技艺和毡子却离人们的生活越来越远，但老人依然坚守着他那满院的毡子，每年冬季回家的儿子跟着学擀毡，成为老人家心中的希望和慰藉。

居住在甘肃省临夏回族自治州的东乡族祖辈传承着擀毡技艺。东乡族擀毡技艺被评为国家级非物质文化遗产。北岭乡前进村村民马舍勒是一位东乡族擀毡技艺传承人。马舍勒生于1944年，16岁开始跟父亲学习擀毡技艺。2003年在龙泉乡创建擀毡手工作坊，专门经营毛毡加工业。同为东乡族的擀毡匠人杨得明老人也是16岁开始学擀毡技艺，擀了50多年的毡子。家住甘肃省东乡县①龙泉乡苏黑村的杨得明老人家，是龙泉乡一代最负盛名的毡匠之一。老毡匠对擀毡的热情尽显在他所擀的每一张毡子、每一件毡衣、每一双毡靴中，也尽显在老人娓娓道来年轻时背一张弹毛弓行走于张掖、酒泉、武威等地擀毡的经历中。

"张国臂掖，以通西域"而得名的甘肃省张掖市，作为古丝绸之路上的重镇，是久负盛名的历史文化名城。2018年张掖市公布的第四批市级非物质文化遗产名录中擀毡技艺入选。这一消息着实让高台县宣化镇乐二村村民许尚侦、许兵父子俩高兴了一番。在张掖市高台地区擀毡技艺由来已久，"毡匠"这一手艺人也应运而生，在明清时期成为高台地区比较重要的一个行当。70多岁的许尚侦老人十几岁跟父亲学习擀毡技艺，又在20世纪90年代把这一祖传手工技艺传授给了儿子许兵，许氏祖祖辈辈都是擀毡匠人。许氏父子的毡子是由弹毛、喷水、卷毡连、捆连子、洗毡、整形、晒毡等9道工序擀制而成，因为技艺娴熟，许家毡坊门庭若市，很是风光。但许家擀毡技艺及毡坊在2007年因为生存问题画上了句号。在当时的物价条件下"单人毡18元、双人毡27元"的经济收入的确使擀毡活变成了费时费力却不挣钱的

① 现为东乡区。

营生。2018年擀毡技艺入选张掖市市级非物质文化遗产名录，传统擀毡技艺迎来了新的发展机遇，老新两代毡匠脸上露出了久违的笑容。

索得山是一位土族地地道道的毡匠。家住青海省合作土族自治县丹麻镇索卜沟村的索得山，是青海省非物质文化遗产项目土族擀毡技艺传承人之一。索得山19岁拜老毡匠学习擀毡技艺，23岁出徒成为一名地地道道的毡匠。"一条好毡的价格不到200元，但可以用一辈子……现在土民家里日子发生了很大变化，买毡的人家越来越少，挣不上钱……现在的年轻人都不乐意做了……最怕是好手工到后边失传了，所以这两年才找到两个学徒，不遗余力地教吧。只希望我不是最终一代擀毡人。"这是一位土族擀毡匠人无奈的感慨与些许的期望。

文化既是民族的，又是世界的。背负着沧桑记忆的古老技艺——擀毡技艺是凉山彝族的重要技艺。老毡匠的一句"我们老了，做不动了，只有让年轻人来做了"，道出了擀毡技艺的无奈境况，也是老毡匠的殷切期盼。在擀毡技艺即将失传的今天，凉山彝族人民开始计划，也在行动。如何让擀毡技艺走得更久远，是彝族人民的心愿，也是所有有着擀毡悠久历史的各族人民共同心愿。

吾吉阿西木·吾舒尔是新疆维吾尔自治区英吉沙县人，是国家级非物质文化遗产名录——维吾尔族花毡、印花布织染技艺传承人。

丽娜·阿汗，哈萨克族花毡非物质文化遗产传承人，自幼学习擀花毡技艺，12岁时便能够独立绣毡。丽娜·阿汗擀制的日用毡及毡制品，从造型到色彩搭配都源自生活，生动地体现了哈萨克游牧民族的生活情趣。

贵州省威宁彝族回族苗族自治县擀毡技艺传承人唐启全，从事擀毡30余年。"卿卿毡鬐我毡裳，做戛匆匆兴不常。男人制毡为良，妇人以毡为饰"的唐家擀毡家训是唐启全家祖祖辈辈传承擀毡技艺的誓言。唐启全儿时生活的小井弯子家家户户都会擀毡子，都以擀毡为生。但随着市场经济的发展，光靠擀毡已不能维持生计，擀毡人纷纷改行换业，全村只有唐启全依然坚持了下来。现如今作为擀毡技艺传承人，唐启全靠着拿手绝活——擀毡技艺过上了小康生活。"喜忧参半"的擀毡技艺能否为依然坚守的擀毡手工匠人们带去更多的温暖，就像他们用一生擀制出的毡子一样让他们觉得"踏实而温暖"。

2010年，贵州省威宁彝族回族苗族自治县兔街镇新升村出了一位"无私授艺"的擀毡传承人李发辉。李发辉家祖祖辈辈是毡匠，他自幼跟随父亲学习擀毡技艺，已有30余年的擀毡史。2010年，他被贵州省文化厅①授予"非物质文化遗产项目擀毡制作工艺省级代表性传承人"后，更是积极参与保护与传承传统擀毡技艺的各项活动，希望这一传统技艺能够在家乡走得更久远一些。随着非物质文化遗产保护工作的大力开展，云贵高原上昔日的毡匠们又一次轰轰烈烈地投身到抢救与保护传统擀毡技艺的行列中，为这一濒临失传的古老技艺撑起了新的一片天地。

擀毡技艺是云南省曲靖市市级与会泽县县级非物质文化遗产项目。会泽出了一位"会泽工匠"赵书玉，承袭了祖传擀毡技艺。几十年的擀毡生涯、精湛技艺为赵书玉老人换回了"会泽工匠"的美誉。作为会泽书义毡坊掌门人，赵书玉于2019年12月被会泽县政府命名为县级擀毡技艺代表性传承人。同为会泽人的擀毡匠赵洪书是会泽县大桥乡杨梅山村农民，继承了祖祖辈辈传承的擀毡技艺，有着四十余年的擀毡经历。"我会把这手艺传承给子孙后代"，没有名利，没有壮志，一句普普通通的话却是老毡匠对擀毡技艺最真挚的情感表露。

① 现为贵州省文化和旅游厅。

传统擀毡技艺并不仅仅是少数民族的传统手工技艺，也是许多居住在北方农村地区的汉族祖辈传承的民间手工技艺。农业地区虽不像牧区牧羊，但许多农户因生活环境所需也普遍使用毡子。毡子及毡制品需求量的增加促使毡匠这一手工行业应运而生。

被戏称为"毛毛匠"的陕西省绥德县四十里铺镇雷家岔村的雷胜老人是一位毡匠，他所在的村子被称为"毡匠村"。毡子是陕北地区御寒的最佳用品，因此家家户户都有铺炕毡席，穿毡窝子、毡背心、毡靴，戴毡帽等习惯。20世纪，在雷家岔村毡匠们农闲的时候总会三三两两结队走家串户地承揽擀毡活计挣一些贴补。因此毡匠在当地也算是人们津津乐道的手艺人，日子也过得殷实。当地有句俗话"一做官，二打铁，三弹毛，四擀毡"，可以说是那个年代陕北人的职业观。老毡匠雷胜世代以擀毡为营生，祖父与父亲都是远近闻名的毡匠。子承父业的雷胜从十六七岁便开始随父亲学习擀毡技艺，到了20世纪80年代，擀毡技艺渐渐随着毛毡制品需求量的减少而濒临失传。"擀毡手艺没有了市场，后继无人，再过几年健在的毡匠作古，就没有人能说得清这门手艺了。"老毡匠雷胜一席话不无感慨地担忧着这门老手艺。不知我们还能不能在那艳阳高照的黄土高坡听到毡匠们激昂的"擀毡调"，但"三月里出门去擀毡，一走走到头道川，头道川有个齐老汉，他要擀一条长寿毡。五月里出门去擀毡，一走走到二道川，二道川有个光棍汉，他要擀一条迎亲毡。七月里出门去擀毡，一走走到三道川，三道川有个赛貂蝉，他要擀一条嫁汉毡……"[1]的"擀毡调"一定会被陕北毡匠及他们的后代所铭记。

"吴起擀毡"是陕西省2009年被列入省级非物质文化遗产名录的传统技艺项目。相传擀毡技艺是宋元时期由北方游牧部落传

①冯富建：《吴起擀毡》，《延安文学》2017年第1期。

入吴起的民间手工技能。吴起的擀毡流程遵循了传统擀毡技艺的十三道工序，擀制出的毡子花纹细腻，质地厚实，美观实用，远近闻名。吴起的擀毡技艺是由师徒相传、宗族相传、亲邻相传的民间技艺。现有的吴起擀毡技艺传承谱系完整的是吴仓堡白氏擀毡，传承人有白立存、苏万有等人。

山西省柳林县三交镇年过六旬的擀毡匠冯申西是柳林地区擀毡技艺非物质文化遗产传承人。老人十五岁起便背井离乡拜师学擀毡技艺，一擀便是一辈子。"刚开始我们擀毡那会儿，从家里出发，那时是窜家户，……全是步行，带着……帘子等工具，……全凭步行。……毡匠是个十分辛苦的职业，……擀毡和许许多多非物质文化遗产一样，不可避免地淡出了我们的生活，但淡不出我们的记忆。……现在我们已经六十几岁，再有几年我们干不动了，这个手艺就失传了，这么好的东西，可惜了。"一席话娓娓道来的是老毡匠的一生，也是擀毡技艺的无奈。正如老人家所说："擀毡技艺是淡不出我们的记忆的。"技艺快失传了，工序模糊了，用途减少了，但一代代擀毡匠人的工匠精神却依旧存在。

### 三、另类的传承：文学艺术作品中的"擀毡技艺"

在过去，"擀毡歌"是劳动歌，是劳动号子，更是与擀毡劳作相关联的，是擀毡技艺的重要组成部分。随着社会的发展、生活模式的改变，擀毡技艺渐渐成为凋零的民间技艺。"擀毡歌"也渐渐失去了其劳动号子的功能，成为蒙古族对传统生活方式的一种追忆、一种缅怀。当代著名蒙古族诗人仁·斯沁朝克图的诗《毡子》，铭记下了擀毡技艺及毡子在蒙古文化中的"功绩"：

出生后

最初看到的天

毡子

学爬的金色世界

毡子

扶身而起的山脉之麓

毡子

燃烧的图拉嘎之火

毡子

暴风雪之年的风暴

让我变得刚强

夏夜的雨

滚落在毡房上

让我变成了诗人

……

斑斓世界无处不在

故乡的黄色毡子

信步在遥远的地方

他乡之石亦是毡子。[①]

① 额日登巴特尔主编：
《毡的传奇》，内蒙古
人民出版社 2010 年版，
第 74-75 页。

陕北民歌《擀毡调》以其高亢的音调及激昂的旋律成为陕北人的擀毡劳动号子流传至今，歌词大意是：

擀毡了，擀毡了，

三月里咱们出了一个门去擀毡，

啊噢啊噢啊噢，

三月里出门去擀毡，

一走就那个走到头道川么，

哎嗨游，啊噢啊噢啊噢，

一走就走到头道川，

头道川有个齐老汉，

咋啦，他要擀一条长寿毡，

行，铺好了毛么架好了弓，

撒上把豆面把麻油喷，

长寿毡么擀的绵个绒绒么绵个绒绒，

粉红的寿桃哎，画当中，

啊噢啊噢啊噢哎，

七月里，咱们出了一个门去擀毡，

啊噢啊噢啊噢哎，

七月里出门去擀毡，

一走就那个走到三道川么，

哎嗨游，啊噢啊噢啊噢哎，

一走就走到三道川，

三道川有个赛貂蝉，

她要擀一条嫁汉毡，

美，铺好了毛么架好了弓，

洒上了豆面把麻油喷，

嫁汉毡么擀的绵个墩墩么绵个墩墩，

鸳鸯那戏水哎，

画呀么画当中，

啊噢啊噢啊噢哎，

……

擀大毡么擀小毡，

擀长毡么擀短毡，

擀哈了那个新毡，

千千万么呀嗨嗨，

擀毡人的日子哎，

赛呀么赛神仙。

这首民歌唱出了陕北民间毡匠艺人的擀毡劳作，也反映出陕北民间寿诞、婚嫁的情形，擀新毡图喜庆是缺少不了的民间习俗。

毡制品在裕固族生活中无处不在。裕固族在擀毡的时候唱的擀毡号子"一、二、三、四、五、六、七、八、九、十（裕固语调）"，十下作为一个劳作节律，大家齐心协力滚动毡子。裕固族除了"擀毡号子"以外，还流传着"擀毡歌"。裕固族劳动歌曲——"擀毡歌"歌词大意为：

大伙擀毡，擀哟一下，擀哟两下，擀哟三下，擀哟四下，擀哟五下……

领：选中好的年份、好月份，选中这吉日吉祥的时刻。

我们用那洁白羊毛，擀成了漂亮的软毡。（众：噢呀）

领：用牛奶加水洗过的纬线，

平展展的羊毛毡啊，现在铺在了众人面前。（众：噢呀）

领：祝愿我们的生产发展，

羯羊的毛长得厚如山崖一般，

母羊的毛长得能有四指厚，

小羊羔的毛也要有一指宽。（众：噢呀）

领：擀下的新毡叠成八层，

谁若能铺上这毛毡，

定能活到八十八岁，定能长寿。

裕固族的擀毡歌可以说是劳动号子，但随着裕固族生产生活的变迁，这些擀毡歌渐渐失传，会唱擀毡歌的人也变得越来越少。

吴起擀毡技艺从2008年起分别被列入为国家、省、县等不同级别的非物质文化遗产名录，成为该地区重点扶持的非物质文化遗产项目。吴起原生态陕北民歌"擀毡调"也先后荣获省级多项奖项。

民间关于擀毡技艺的文学创作不仅仅局限于民歌、诗词，还有很多关于擀毡技艺、毡匠的民间歇后语广为流传，如"毡匠擀毡"指代"厚此薄彼"之意；"毡子上拔毛"指代"不显眼"之意；"毡袜裹脚靴"意为"寸步不离"；等等。这些都是民间流传较广的歇后语。

古籍文献中也有很多用毡子作比喻的成语典故。如《晋书·杜锡传》所记载典故"如坐针毡"，比喻心神不宁之态；《汉书·苏建传》中"啮雪吞毡"指代坚持气节，艰难度日；《晋书·王献之传》所记载典故"青毡旧物"，比喻珍贵之物；明代李昌祺《剪灯余话·田洙遇薛涛联句记》中"官清冷毡，路费艰难"指代为官清廉，生活清苦。

## 第四节　如何抢救与保护民间传统擀毡技艺

社会经济的发展，无疑为人类生活提供了诸多便利条件。作为非物质文化遗产的民间传统技艺是一种活态文化传承，是祖祖辈辈相传的技艺，"言传身教"是这些技艺传承的根基与主要途径，而技艺的传承人使这些民间技艺得以延续。中华民族五千多年的辉煌历史，造就了许许多多精湛无比的民间传统技艺，如2008年列入第二批国家级非物质文化遗产名录的"枫香染技艺"，2009年被列入世界级非物质文化遗产的"中国缂丝技艺"，2011年被列入第三批国家级非物质文化遗产名录的云南"乌铜走银技艺"等，都是国粹级的民间技艺。这些民间技艺将我国的传统技艺推向了工艺技术的新高度，但随着时光的流逝，许多民间传统手工技艺正濒临失传或已经失传。

民间传统技艺不仅仅是百姓日常生活中积累的点点滴滴，更是大众文化的记忆。技艺可能会失传或已经失传，但技艺的精神以文化记忆的形式载入人类文明史册是无疑的。在抢救与保护、传承古老的民间技艺方面，当下轰轰烈烈的"非物质文化遗产"抢救与保护工作掀起了一场革命性的引领，为那些曾经辉煌一时、被老百姓津津乐道的"老手艺"提供了再一次被关注、被记录的无数个发展的可能。

联合国教科文组织倡导的非物质文化遗产申报评选，促进了各国对各自民间传统技艺的抢救与保护工作。各国开始关注这些曾经是某一时代民众赖以生存并赋予象征寓意的各类民间传统技艺。非物质文化遗产是确定文化特性、激发创造力和保护文化多样性的重要因素，在不同文化相互宽容、协调中起着至关重要的作用，这是对民间传统技艺的高度认可，也是当下开展保护与传承民间手工技艺的重要依据。

擀毡技艺作为民间手工技艺，比起丝绸娟绣等技艺高超的民间技艺，似乎更贴近老百姓的生活。游牧民族传统的散居生活模式，使牧民家庭呈现出"户户有毡匠，人人会擀毡"的景象。擀毡技艺成为传统游牧生活中必备的生存技能。

擀毡技艺是蒙古族传统游牧文化的缩影，逐水草而迁徙的蒙古族先民创造了擀毡技艺。毡子不仅可以满足牧民的生活需求，也是蒙古族传统文化的重要符号。

目前包括蒙古族在内的诸多民族传统擀毡技艺都面临着失传的境地。《中华人民共和国非物质文化遗产法》的出台，为各地传统擀毡技艺的抢救与保护工作带来了新的发展空间。省级、市级、旗县级等各级各类非物质文化遗产申报工作的开展，使民间传统擀毡技艺有了创新性的发展与改变。

传统擀毡技艺不仅得到了全面的记录，并且通过宣传、录制、展演、商业运作等当代各种先进技术手段和营销手段，进入了与时俱进的发展阶段。

## 一、记录

记录是人类创造的、用来保留与传递信息的一种有效手段。

在无文字时代，结绳、刻木、刻石都是人类远古时期发明使用的记事、计数或记史的方法。原始时期的岩画也是早期人类记录部落社会生活的精彩写照。在我国各地发现的岩画或出土文物，见证了在北方游牧民族和一些居住在寒冷地带的民族中存在着古老的擀毡技艺。但刻画的图纹与出土的实物并不能生动地传递传统擀毡技艺的更详细的信息。在当时古老擀毡技艺更多的是依靠口耳相传的方式被代代相传。

文字的出现，是人类文明的重大进步，也为人类的记录方式提供了更加便捷的手段。人类祖先发明创造的文明与文化，通过文字记录得以保留和传承。"上古结绳而治，后世圣人易之以书契"①，无文字与有文字时代不同的记录方式都为人类文化的传承作出了重要贡献。

① 杨天才、张善文译注：《周易》，中华书局2011年版，第610页。

民间传统擀毡技艺在历史时期是民众之间相传的技艺，因此官家治史官的笔下并没有过多关注过民间擀毡技艺。但历朝历代的一些史料，乃至诗歌作品中依然留下了记录民间传统擀毡技艺的痕迹。

② 徐正英、常佩雨译注：《周礼（上）》，中华书局2014年版，第156页。

关于毡子及毡制品的最早文献记载可追溯至周代。《周礼·天官·掌皮》记载"秋敛皮，冬敛革，春献之，遂以式法颁皮革于百工。共其毳毛为毡，以待邦事，供其毛皮为毡"②，"掌皮"在当时指监管制毡作业的官吏。《说文》中对"毡"的解释为："撚毛也，从毛亶声，诸延切。"[1]

《战国策·赵策二》中"大王诚能听臣，燕必致毡裘狗马之地"，虽没有擀毡技艺的详情记载，但可视为中国北方游牧民族使用毡的证明。

《齐民要术》是记载擀毡传统技艺的最早文献史料。据北魏著名农学家贾思勰的《齐民要术》记载，北方游牧民族"作毡法，春毛秋毛中半和用。秋毛紧强，春毛软弱。独用太偏，是以须杂。三月桃花水毡第一。凡作毡，不须厚大。唯紧薄均调乃佳耳。通作㲥"，[2] 详尽地描述了北方游牧民族擀毡技艺要领。

以上文献资料更多的是阐明擀毡技艺的原材料、加工中需注意的事项及古代官方执掌擀毡技艺的司职人员，而针对擀毡具体流程的相关记载却很少。因此，我们无从考证古人是如何用羊毛擀制毡子的整个流程。这些史料证明，毡子自古有之，并且是居住在北方的各民族生活中不可缺少的重要生活物件。无论是北方的游牧民族还是定居型的民族，都曾留下了使用毡子的记载。

据新疆尼勒克加勒克斯卡茵特墓出土的毛毡，考古学家推测公元前5世纪生活在新疆伊犁河谷地带的游牧居民已使用毡房，由此可推测这些居住者有可能已经掌握了擀毡技艺。

除了关于民间传统擀毡技艺的文字记录，关于北方游牧民族使用毡制品的记录不仅有文献史料记载，各朝各代文人墨客笔下也随处可见"毡子"的痕迹。

据《释名》记载："鞔鞢，靴之缺前壅者，胡中所名。"[3] 说明中原并不是靴子的产生之地，然而战国时期赵国武灵王对中原服饰的改进使作为胡服的"靴子"融入中原服饰文化中。"胡服""原指西方和北方各族的衣冠服饰，后亦泛称汉族以外民族的衣冠服饰"[4]。胡服中"毡笠""毡衫""毡靴"都有文献资料

[1] ［汉］许慎撰，［宋］徐铉校定：《说文解字》，中华书局2013年版，第171页。

[2] ［北魏］贾思勰：《齐民要术（上）》，石汉声译注，缪桂、谭光万补注，中华书局2015年版，第712-713页。

[3] ［汉］刘熙：《释名》，中华书局2016年版，第76页。
[4] 孙晨阳、张珂编：《中国古代服饰辞典》，中华书局2015年版，第58页。

或出土文物佐证。《旧五代史·唐书·庄宗纪三》记载"追击至易水，获毡裘、氉幕、羊马不可胜计"[1]，《汉书·匈奴传》记载"自君王以下咸食畜肉，衣其皮革，被旃裘"[2]，这都是北方游牧族使用毡的相关记录。

唐代诗人刘言史的《王中丞宅夜观舞胡腾》中"石国胡人儿少见，蹲舞尊前急如鸟。织成蕃帽虚顶尖，细毡胡衫双袖小"[3]，唐代诗人李瑞的《胡腾儿》中"扬眉动目踏花毡，红汗交流珠帽偏"[4]，明代方孝孺的《蜀道易》中"西有雕题金齿之夷，北有毡裘椎髻之貉"[5]，均指北方游牧民族独特的毡服饰特点。

毛毡不仅仅是我国北方游牧民族使用的物品，西南及南方一些少数民族在日常生活中也使用毡子，其毡被称为"蛮毡"。宋代诗人苏轼的诗《郭纶》中"我当凭轼与寓目，看君飞矢射蛮毡"，陆游的诗《十一月四日风雨大作（其一）》中"溪柴火软蛮毡暖，我与狸奴不出门"，都提到"蛮毡"。南宋文学家范成大所著的风土民俗著作《桂海虞衡志·志器》中记载"蛮毡出西南诸藩，以大理者为最。蛮人昼披夜卧，无贵贱，人有一毡"[6]，说明了"蛮毡"使用的区域及其日常用途。

无论是无文字时期的口耳相传、远古记录法抑或是文明时期的文字记载，都以不同的方式记录下了人类发展进程，保留与传承了人类文明智慧。记录是人类打开历史之门的一把钥匙。传统擀毡技艺亦是人类适应自然环境的实践产物，也是人类智慧的结晶。关于擀毡技艺的历史遗留物或文字记载，让我们对这一古老的技艺有了更全面的认知。

信息化时代高科技的发展，为人类的记录手段增添了新的技艺。影像、视频、数据等现代媒介手段的创建，使人类记录更加趋于完善。信息能够准确无误地被记录、被传递。现代记录手段

① ［宋］薛居正等：《旧五代史（二）·唐》，中华书局 1976 年版，第 400 页。

② ［汉］班固撰，［唐］颜师古注：《汉书》，中华书局 1964 年版，第 3743 页。

③ ［清］彭定求等编：《全唐诗》（第10册），延边人民出版社 2004 年版，第2913－2920页。

④ 萧涤非、程千帆、马茂元等：《唐诗鉴赏辞典》，上海辞书出版社 1983 年版，第 654 页。

⑤ ［明］方孝孺：《逊志斋集》，徐光大校点，宁波出版社 2000 年版，第 817 页。

⑥ ［宋］范成大：《范成大笔记六种》，孔凡礼点校，中华书局 2002 年版，第 101 页。

的更新无疑弥补了传统的口耳相传或文字记录的不足。例如，非物质文化遗产的抢救与保护工作主要采用的记录手段是拍摄照片、录制视频，通过影像资料形式完整地记录下各类非物质文化遗产项目。

数字化时代，具有可共享性的数据管理模式进一步发展了人类记录信息的手段。各地相关的数据库或数字博物馆的建设，为记录传统文化提供了更加广阔的视域。

## 二、展演

随着科学技术手段的发展，许多传统手工技艺受到了一定程度的影响。原本日常重要的生产生活技艺渐渐失去了其功能，淡出人们的生活，人们以展演的方式重塑着民间各类传统技艺，只为让这些"老手艺"能够保留得久一点，让更多的人记住这些老手艺。

展演是指以展览为目的的演出。目前，展演已成为濒临失传或已经失传的传统文化事物及人文景观的一种活态展示。通过展演的形式，很多濒临消失或已经失传的传统文化再一次被大众所知晓。

在内蒙古地区展演已成为很多地方宣传、展示蒙古族传统擀毡技艺的主要方法。

2011年，实施"退耕还林、退牧还草"的内蒙古自治区额济纳旗蒙古族从流动的放牧生活方式转变为小范围放牧的定居型生活模式。牧民们住进移民村、移民楼，于是传统的搭建蒙古包、居住蒙古包的情形越来越少。现如今会擀毡的只剩下一小部分老年人，很多年轻人已经不会擀毡，也很少使用毡制品了。为了让更多的年轻人记住传统技艺，额济纳旗杜尔扈特人制定了"五年计划"来抢救与保护擀毡技艺，运用文字记录、声像文本建档、建立数据库等现代媒介手段记录传统的擀毡技艺。擀毡技艺再一次被人们所传承、所熟知，成为土尔扈特蒙古族老中青少几代人共同的认知与记忆。

2014年，内蒙古举办第二届中国游牧文化旅游节，在这次盛大节庆上包头市达茂旗巴音花镇六十余名牧民以"梦回毡包"为主题，展演了蒙古族传统擀毡技艺，用一天的时间为观看者展演了从弹毛、铺毛、喷水、喷油、撒豆面到卷毡、捆毡连、洗毡、整毡形、晒毡的传统擀毡技艺的整个流程。在这次展示活动中除擀毡过程的展演外，最引人瞩目的是牧民们彩绘的毡制中国地图造型。举办官方阐明本次展演活动的最终目的是把像擀毡这样面临失传的蒙古族传统技艺保护传承下去，让更多的人了解这些珍贵的非物质文化遗产。

2016年底，内蒙古锡林郭勒盟阿巴嘎旗就业局举办了第一期毡艺培训班。经过近一个月的培训，三十三名学员成功制作出毡靴、蒙古包、毡垫、毡手包等两百余件毡制品。同年，锡林郭勒盟镶黄旗针对当地牧民举办了"毛毡制品精深加工技能培训班"，并从蒙古国聘请资深专家讲授毡画、毡毯、毡工艺品等毛毡精品加工技艺。在镶黄旗经常有官方或民办的毡艺培训活动，为毡制品加工技艺爱好者提供了学习与掌握传统擀毡技艺的平台与机遇。哈斯格日乐是一位地道的牧民，生长在镶黄旗的她自小热爱传统手工擀毡技艺。她借助国家的惠民政策，开起了属于自己的店铺。于是店铺就成了她潜心擀毡、制作毡制品的加工厂和销售点。

2018年5月起，内蒙古锡林浩特市文体广电局对辖区内的非物质文化遗产展开挖掘、收集、整理，并进行拍摄存档工作，其中包括蒙古族传统手工擀毡技艺的全程拍摄以及存档备案工作。

2019年12月，由内蒙古呼伦贝尔市新巴尔虎右旗文化馆举办了为期十天的"毡子手工艺传承培训班"。学员们制作的一件件栩栩如生的毡艺术品以另一种形式承载着更多的文化寓意，得到了人们更多的关注。遍地开花般的培训活动及毡艺术品的发展为内蒙古地区传统擀毡技艺的保护与传承开辟了新的发展空间。

除内蒙古地区以外，我国其他地区也陆续开展了各类擀毡技艺培训，大力推动了传统擀毡技艺的复兴发展。

自2006年维吾尔族花毡技艺被纳入首批国家级非物质文化遗产名录以来，该织染技艺便成为新疆地区保护与传承的重要民族文化瑰宝。2016年9月，首届丝绸之路（敦煌）国际文化博览会文化年展在敦煌市隆重举办，文化年展以"彰显丝路精神 推进融合发展"为展览主题，其中展示了维吾尔族花毡、印花布织染技艺。新疆大学开办了为期二十天的首届"花毡技艺传承人"培训班，此次参加培训学员五十名，在全区范围内推进了维吾尔族花毡技艺的传承与发扬工作。

以盛产"宁夏滩羊"而著称的宁夏盐池县自古是农耕民族与游牧民族的交界地带。2014年12月8日，盐池县档案局在牛海武副馆长的支持下全程拍摄了花马池镇田记掌行政村史庄子自然村村民李文智、牛万科、李占宏等村民的擀毡过程，记录下了盐池的传统擀毡技艺。

2018年7月底，甘肃省临夏回族自治州东乡族自治县在北岭、龙泉、柳树等地举办了为期九天的"国家级非物质文化遗产保护项目东乡族擀毡技艺"培训班，培训对象主要有当地文化站的工作专员、擀毡技艺非遗代表性传承人、民间艺人、县级文化馆工作人员等。培训内容除了向学员普及国家关于非物质文化遗产相关的法律法规、政策，还传授和展演了传统擀毡技艺的相关知识。擀毡技艺流程，毡制品制作技艺，毛毡选毛、去脂、弹毛、洗毡、搓边等技巧的交流与探讨，成为学员们热衷交流的内容。擀毡过程的展演让学员们受益匪浅。同年7月31日，肃南裕固族自治县非遗展演"唤醒"草原记忆活动，再现了裕固族传统擀毡技艺的整个制作流程。

2019年6月，东乡族自治县民族博物馆开展了以"一张羊毛毡的故事"为主题的展演活动。该活动项目是甘肃省博物馆社会教育示范项目，旨在通过展演与亲身体验的形式让中小学生了解"擀毡"这一民间传统技艺，以此激发和培养青少年儿童"热爱祖国、热爱民族传统文化"的信念。

2019年12月26日，中国女性文化遗产研究中心在北京一号地艺术区举办了"手作羊毛毡工艺活动"。公益活动的主旨在于宣传人类历史上可称为最古老技艺之一的擀毡技艺传统制作原理及其发展历史。该活动也展现了作为非物质文化遗产的毛毡技艺的创新实践。

### 三、传统擀毡技艺的开发利用

传统擀毡技艺的制作工艺及使用虽然已发生了很大的改变，但在传统与现代的阈限中再次找到了发展契机。民族特色产业已经成为包括传统擀毡技艺在内的民间传统技艺走出困境、走向世界的重要方式。

2008年，新疆奇台县大泉塔塔尔族乡举办了首届花毡节。花毡节上塔塔尔族与哈萨克族妇女通过现场比赛，展现了不同民族的花毡刺绣技艺。花毡节不仅仅是民间工艺技能的展示，更多的是为了促进地方商贸经济的发展。通过本次花毡节，大泉塔塔尔族乡先后与二十多家厂商签订了合作协议，极大地推动了民族乡特色产业的发展。

各地陆续成了一些擀毡厂、合作社以及擀毡技艺传习所。擀毡技艺展演场所的建设，也为这一传统技艺的发展提供了更广阔的空间。如2017年云南省禄劝彝族苗族自治县凤家古镇的"羊毛毡、彝族刺绣展示馆"对外开放，成为古镇的一道靓丽景色，为过往游客展示着彝族古老的擀毡、刺绣技艺。

2019年2月28日，四川凉山传统工艺工作站的建成为凉山地区民间传统技艺的传承与保护工作开辟了新的发展前景。该工作站是由我国文化和旅游部非遗司、四川省文化和旅游厅、凉山彝族自治州政府牵头，与电商平台协作创建的，是目前我国十五个传统工艺工作站之一。彝族羊毛擀毡技艺与凉山地区其他民间传统技艺一同成为凉山传统工艺工作站"非遗+扶贫"模式的重要支持发展项目。这是我国协同企业开展的行业联合发展的实践性运作，为我国发展民族地区的经济与文化开辟了新的途径。

民间传统技艺在我国政策引导、行业联合、自强运作等多种形式共同作用下有了长足发展，成为地区经济与传统文化相结合的重要纽带。

结语

　　擀毡技艺与众多民间技艺是劳动人民智慧的结晶，蕴含着独特的艺术魅力和深厚的文化内涵。传统擀毡技艺虽然因人们生活方式的变迁，渐渐在人们的生活中失去了其原有的重要性，成为濒临消失的手工技艺，但作为民众千百年来的智慧结晶，这项民间手工技艺在历史长河中展现了多民族适应自然环境的生存智慧。

　　"自给自足"的年代，擀毡技艺是人们生活中的一项普通劳作，是家家户户能够得心应手操作的手工技艺。民间手工技艺是民众生产生活史不可或缺的重要组成部分。正是因为包括擀毡技艺在内的众多民间手工技艺的存在，我们的文化才如此丰富多彩。这些技艺通过代代相传，不断创新与发展，为我们的生活增添了无尽的韵味和美感。

　　虽然今天许多民间手工技艺正在被各类现代技术手段所取代，但作为民众集体记忆的民间手工技能并没有完全淹没在时代发展的年轮中。针对传统技艺出台的各项政策法规及相关工作的开展，为包括擀毡技艺在内的诸多民间手工技艺的生存与发展开启了新的途径，也让这些古老的手工技艺成为承载着世代工匠精神的人类文明。它们是我们民族文化的瑰宝，值得我们去珍惜、传承和弘扬。

参考文献

## 一、普通图书

[1] 班固. 汉书［M］. 北京：中华书局，1962.

[2] 刘熙. 释名［M］. 北京：中华书局，2016.

[3] 司马迁. 史记［M］. 北京：中华书局，1982.

[4] 许慎. 说文解字［M］. 徐铉，校，北京：中华书局，2013.

[5] 曹操. 曹操集［M］. 北京：中华书局，2012.

[6] 范晔. 后汉书［M］. 郑州：中州古籍出版社，1996.

[7] 萧统. 文选［M］. 北京：中华书局，1977.

[8] 贾思勰. 齐民要术［M］. 石声汉，石定枎，谭光万，校点，北京：中华书局，2015.

[9] 魏收. 魏书［M］. 北京：中华书局，1997.

[10] 刘昫. 旧唐书［M］. 北京：中华书局，1975.

[11] 令狐德棻. 周书［M］. 北京：中华书局，1971.

[12] 魏徵. 隋书［M］. 北京：中华书局，2019.

[13] 范成大. 范成大笔记六种［M］. 孔凡礼，校注，北京：中华书局，2002.

[14] 范成大. 桂海虞衡志辑佚校注［M］. 胡起望，覃光广，校注，成都：四川人民出版社，1986.

［15］郭茂倩. 乐府诗集［M］. 聂世美，仓阳卿，校点，上海：上海古籍出版社，2016.

［16］李昉. 太平广记［M］. 北京：中华书局，1986.

［17］李焘. 继资治通鉴：第二册［M］. 北京：中华书局，1979.

［18］彭大雅. 黑鞑事略校注［M］. 许全胜，校注，兰州：兰州大学出版社，2014.

［19］彭大雅. 蒙鞑备录·黑鞑事略［M］. 孟和吉雅，译，呼和浩特：内蒙古人民出版社，2012.

［20］司马光. 司马光集［M］. 李文泽，霞绍晖，校点，成都：四川大学出版社，2010.

［21］苏辙. 栾城集［M］. 曾枣庄，马德富，校点，上海：上海古籍出版社，2009.

［22］田况. 儒林公议［M］. 张其凡，点校，北京：中华书局，2017.

［23］薛居正. 旧五代史［M］. 北京：中华书局，1976.

［24］关汉卿. 元曲三百首注释［M］. 素芹，注释，北京：北京联合出版公司，2015.

［25］方孝孺. 逊志斋集［M］. 徐光大，校点，宁波：宁波出版社，2000.

［26］宋濂. 元史. 北京：中华书局，1983.

［27］萧大亨. 北虏风俗［M］. 阿莎拉图，译，海拉尔：内蒙古文化出版社，2001.

［28］毕沅. 继资治通鉴［M］. 北京：中华书局，1999.

［29］曹寅. 楝亭集笺注［M］. 胡绍棠，笺注，北京：北京图书馆出版社，2007.

［30］陈沣. 东塾读书记［M］. 北京：商务印书馆，1930.

［31］彭定求. 全唐诗［M］. 延边：延边人民出版社，2004.

［32］《中国民间歌曲集成》总编辑部. 中国各民族民歌选集［M］. 北京：人民音乐出版社，1992.

［33］巴图，毕力格. 乌拉特历史文化［M］. 呼和浩特：内蒙古人民出版社，2013.

［34］包金山. 鄂托克查布努图克［M］. 呼和浩特：内蒙古人民出版社，2011.

［35］才仁巴利. 台吉乃尔旗志［M］. 呼和浩特：内蒙古教育出版社，1995.

［36］冯继钦，孟古托力，黄凤岐. 契丹族文化史［M］. 哈尔滨：黑龙江人民出版社，1994.

［37］耿昇，何高济. 柏朗嘉宾蒙古行纪·鲁布鲁克东行纪［M］. 北京：中华书局，2002.

［38］韩儒林. 元朝史［M］. 北京：人民出版社，1986.

［39］呼伦贝尔盟史志编纂委员会. 呼伦贝尔盟志［M］. 海拉尔：内蒙古文化出版社，1999.

［40］金性尧. 明诗三百首［M］. 上海：上海远东出版社，2011.

［41］刘真伦，岳珍. 唐代诗文选［M］. 武汉：华中科技大学出版社，2009.

［42］逯钦立. 先秦汉魏晋南北朝诗［M］. 北京：中华书局，1983.

［43］马玮. 白居易诗歌欣赏［M］. 北京：商务印书馆，2017.

［44］纳·巴桑. 卫拉特风俗志［M］. 呼和浩特：内蒙古人民出版社，1990.

［45］内蒙古自治区地方志编纂委员会. 内蒙古自治区·商业

志［M］.呼和浩特：内蒙古人民出版社，1998.

　　［46］苏尼特左旗志总纂委员会.苏尼特右旗志［M］.海拉尔：内蒙古文化出版社，2004.

　　［47］绥远通志馆.绥远通志稿［M］.呼和浩特：内蒙古人民出版社，2007.

　　［48］田广金，郭素新.北方文化与匈奴文明［M］.南京：江苏教育出版社，2005.

　　［49］童庆炳.新编文学理论［M］.北京：中国人民大学出版社，2011.

　　［50］王兴芬.拾遗记［M］.北京：中华书局，2017.

　　［51］乌丙安.中国民俗学［M］.沈阳：辽宁大学出版社，1999.

　　［52］乌拉特前旗志编纂委员会.乌拉特前旗志［M］.呼和浩特：内蒙古人民出版社，1994.

　　［53］萧涤非，程千帆，马茂元.唐诗鉴赏辞典［M］.上海：上海辞书出版社，1983.

　　［54］徐珂.清稗类钞：第5册［M］.北京：中华书局，2003.

　　［55］徐世明.昭乌达风情［M］.赤峰：内蒙古科学技术出版社，1995.

　　［56］徐正英，常佩雨.周礼：上［M］.北京：中华书局，2014.

　　［57］叶新民.元上都研究［M］.呼和浩特：内蒙古大学出版社，1998.

　　［58］余太山.两汉魏晋南北朝正史西域传要注［M］.北京：中华书局，2005。

　　［59］章培恒，江巨荣，李平.四库家藏·六十种曲［M］.

济南：山东画报出版社，2004.

［60］周良霄，顾菊英. 元代史［M］. 上海：上海人民出版社，1993.

［61］朱金城，朱易安. 白居易诗集［M］. 北京：中国国际广播出版社，2011.

［62］拉施特. 史集：第一卷　第一分册［M］. 余大钧、周建奇，译，北京：商务印书馆，1983.

［63］帕拉斯. 内陆亚洲厄鲁特历史资料［M］. 邵建东，刘迎胜，译，昆明：云南人民出版社，2002.

［64］沙海昂. 马可·波罗游记［M］. 冯承钧，译，上海：上海古籍出版社，2014.

［65］多桑. 多桑蒙古史［M］. 冯承钧，译，上海：上海书店出版社，2003.

## 二、期刊文献

［1］李夏. 内蒙古传统毛毡在现代纺织产品中的现状与发展［J］. 设计，2016（23）.

［2］玛尔简. 色彩斑斓的裕固族手工艺［J］. 中国民族，2007（11）.

［3］沙力·沙都瓦哈斯，张孝华. 花毡［J］. 民族研究，1985（4）.

［4］汪玺，铁穆尔，张德罡，师尚礼. 裕固族的草原旅游文化（Ⅳ）——裕固族的生活文化［J］. 草原与草坪，2012（1），（3）.

［5］杨福瑞. 北方游牧民族穹庐观念及居住文化的影响［J］. 贵州社会科学，2009（7）.

［6］杨锡畅. 尼汝村：古村落里话振兴［J］. 致富天地，

2022（12）.

［7］尹律航.新疆哈萨克族的非物质文化遗产研究——花毡［J］.现代装饰（例论），2016（7）.

### 三、硕士论文

［1］郝水菊.内蒙古地区毛毡制品的传统技艺及其现代设计［D］.江南大学，2013.

［2］再努拉·再伊丁.维吾尔族制毡工艺研究［D］.新疆大学，2011.

### 四、报纸文献

［1］陈基泰.晚街擀毡工艺濒临失传，传承人毫无保留授艺于人［N］.威宁每日晚报，2014-12-3.

［2］陈武帅，田娇.用30年书写精彩的擀毡生涯［N］.贵州民族报，2018-3-9.

［3］黄适远.维吾尔族花毡：祖先留下来的精美技艺［N］.中国民族报，2018-1-9.

［4］88岁擀毡匠余世元：这门手艺谁传承［N］.鄂尔多斯晚报，2015-11-16.

天工巧匠